工学结合·基于工作过程导向的项目化创新系列教材
国家示范性高等职业教育土建类"十二五"规划教材

建筑 CAD实训

JIANZHU

CAD SHIXUN

主　编　刘冬梅　王志磊

副主编　陈明杰　范忠军　徐春波

李国宁　俞　静　姚先锋

华中科技大学出版社
http://www.hustp.com
中国·武汉

内 容 简 介

本书是项目化实训教材,是以一个具体项目——绘制某住宅楼建筑施工图——为全书主线,并作为 Auto-CAD 知识训练的载体,以完成实训项目的岗位工作过程为编排顺序来编制而成的。全书分为六个实训。其中,每个实训又根据学习规律和建筑施工图的绘制特点,分为若干任务。最终的实训成果为一套完整的建筑施工图。

全书由具有多年使用 AutoCAD 进行专业设计和多年 AutoCAD 教学经验的教师编写,训练内容的成果性及专业性强,特别是将计算机绘图的相关知识融于建筑施工图的绘制实践之中,为读者掌握并运用计算机辅助设计的技能创造了很好的环境与平台。

为了方便教学,本书还配有实践任务书及其评分标准、自测试卷及其评分标准等教学资源包,任课教师和学生可以登录"我们爱读书"网(www.ibook4us.com)免费注册并浏览,或者发邮件至 husttujian@163.com 免费索取。

本书是高职高专土建类专业及相关专业学生学习 AutoCAD 的首选实践教材,也可以作为成人教育土建类及相关专业的实践教材,并且非常适合于从事建筑工程等技术工作及对计算机辅助设计和绘图感兴趣的相关人员作为入门自学和参考的专业书籍。

图书在版编目(CIP)数据

建筑 CAD 实训/刘冬梅,王志磊主编.—武汉:华中科技大学出版社,2014.7
ISBN 978-7-5680-0283-7

Ⅰ.①建…　Ⅱ.①刘…　②王…　Ⅲ.①建筑设计-计算机辅助设计-AutoCAD 软件-高等职业教育-教材
Ⅳ.①TU201.4

中国版本图书馆 CIP 数据核字(2014)第 170872 号

建筑 CAD 实训　　　　　　　　　　　　　　　　刘冬梅　　王志磊　　主编

策划编辑:康　序
责任编辑:康　序
封面设计:李　嫚
责任校对:张　琳
责任监印:张正林
出版发行:华中科技大学出版社(中国·武汉)　　　电话:(027)81321913
　　　　　武汉市东湖新技术开发区华工科技园　　　邮编:430223
录　　排:武汉正风天下文化发展有限公司
印　　刷:武汉市籍缘印刷厂
开　　本:787mm×1092mm　1/16
印　　张:9.75
字　　数:245 千字
版　　次:2018 年 1 月第 1 版第 2 次印刷
定　　价:28.00 元

前言

本书根据对应的岗位工作设计了一个实训项目任务——绘制某住宅楼建筑施工图,作为 AutoCAD 的知识点训练的载体;并将知识实践规律、项目任务的成果顺序作为本书的章节顺序,然后根据章节顺序,编排了 AutoCAD 相关知识点的实践内容。

本书在实训任务的设计方面,本着典型、熟悉、涉及 AutoCAD 的知识点运用较为广泛、全面、常用等原则,设计了"绘制某住宅楼建筑施工图"实训任务,将其作为本书 AutoCAD 知识运用的载体,并按实训任务的岗位工作过程划分为若干任务,以此作为本书的章节顺序;以过程中子任务的成果作为本书中每个章节的任务成果要求;此外,还设计了综合实训任务书作为专业实训的拓展,真正做到"练有所获,获有所用,用有所果"的训练目的,能够较好地调动学习者的兴趣与主观能动性。

在对 AutoCAD 相关知识点的实践内容的编排方面,本书本着操作简单、利用率高的先学,比较专业化、具有一定使用条件的后学;注重点、面结合;随着实践任务的展开,根据知识与实践运用之间的规律,决定讲授内容的详略并逐步展开,从而使读者在完成实训任务的过程中反复运用 AutoCAD 知识,并随着实训任务的不断深入,一次次强化相关知识的学习直至熟练掌握 AutoCAD 知识的运用,达到"融会贯通、游刃有余"的实践境界。

本书的内容结构如下表所示。

章节	任务单	AutoCAD 知识点的训练重点
实训 1　建筑平面图的绘制	任务 1　绘制一间平房一层平面图(轴线、墙线)	绘图命令(直线),修改命令(删除),标准(特性),工具栏(图层、特性),状态栏(正交、线宽、草图设置)
	任务 2　绘制 $W \times L$ 房屋的一层平面图(带门窗)	绘图命令(直线、带角度),修改命令(修剪、移动)
	任务 3　绘制 $(W \times L) \times 2$ 房屋的一层平面图	修改命令:复制、镜像
	任务 4　绘制 $W_1 \times L_1 + W_2 \times L_2$ 房屋的一层平面图	绘图命令(多线、直线(捕捉延长点)),修改命令(分解、延伸、拉伸)
	任务 5　绘制某住宅楼的一层平面图	绘图命令(圆弧),修改命令(圆角、旋转)
	任务 6　绘制某住宅楼的标准层平面图	绘图命令(矩形、多线及其他样式的运用),修改命令(偏移),菜单栏格式("轴线—墙线 ---"、"窗 ≡≡"等多线样式)
	任务 7　绘制某住宅楼的屋顶平面图	绘图命令(多线(其他运用)、正多边形),修改命令(缩放(提及))

章节	任务单	AutoCAD知识点的训练重点
实训2 建筑平面施工图的绘制	任务1 绘制房屋标准层平面建筑施工图	绘图命令（圆、正多边形、多行文字、多段线），菜单栏（格式（文字样式、标注样式）、标注），标准（特性匹配、特性）
	任务2 快速绘制房屋标准层平面建筑施工图	绘图命令：创建块、插入块、属性块（写块）
	任务3 绘制房屋一层平面建筑施工图	绘图命令：多段线
	任务4 绘制房屋屋顶平面建筑施工图	绘图命令（多线（其他样式运用）），菜单栏（格式（标注样式（1-50大比例））、标注）
实训3 建筑立面施工图的绘制	任务1 绘制建筑正立面施工图	绘图命令（多线（大尺寸运用）、矩形），修改命令（阵列）
	任务2 绘制建筑背立面施工图	绘图命令（多线（大尺寸运用）、矩形），修改命令（阵列）
实训4 建筑剖面施工图的绘制	任务1 绘制不带楼梯剖面建筑施工图	绘图命令（多线（各种形式运用）），修改命令（阵列）；标准（特性匹配、特性（多行文字、直线等单项））
	任务2 绘制带楼梯剖面建筑施工图	绘图命令（多线（各种形式运用）），修改命令（阵列）；标准（特性匹配、特性（多行文字、直线等单项））
实训5 建筑详图的绘制	任务1 绘制建筑楼梯详图	绘图命令（多线（特殊运用）），修改命令（阵列、缩放）
	任务2 绘制建筑墙体大样图	绘图命令（图案填充），修改命令（偏移、圆角、移动、缩放），菜单栏（格式（标注样式（1-50大比例）））、标注）
实训6 建筑施工说明、图纸目录的编制	任务1 编制建筑施工说明	绘图命令（多行文字）
	任务2 编制建筑施工图表格	菜单栏（格式（表格样式）），绘图命令（表格），标准（特性匹配、特性）
附录A	实训任务单	作业汇总，各个知识点训练见上述分项
附录B	实训任务书、计划书	综合训练，一周或两周实训任务
附录C	试卷	自测或课程测试，专业知识限时训练

　　本书由南京化工职业技术学院刘冬梅、南通职业大学王志磊任主编，由南通职业大学陈明杰、新疆石河子职业技术学院王丽、泰州职业技术学院夏云、宁波职业技术学院俞静、泰州职业技术学院叶伟、天津国土资源和房屋职业学院李国宁任副主编。陈晨、侯潇、施溪溪、沙笑笑参与了本书的编写工作，全书由刘冬梅统稿，由黑龙江省公路勘察设计院冯玉祥高工担任主审。

　　为了方便教学，本书还配有实践任务书及其评分标准、自测试卷及其评分标准等教学资源包，任课教师和学生可以登录"我们爱读书"网（www.ibook4us.com）免费注册并浏览，或者发邮件至 husttujian@163.com 免费索取。

　　本书的出版，得到了兄弟院校及华中科技大学出版社的大力支持，在此表示衷心的感谢。由于编者编写水平有限，错误和疏漏在所难免，恳请广大的读者和同行批评指正。

编　者
2018 年 1 月

目录

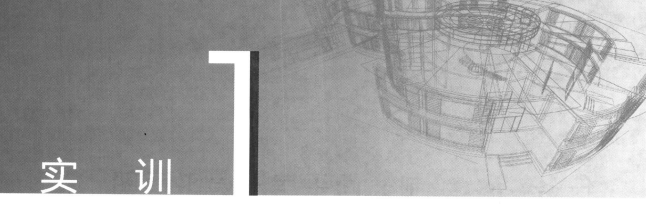

实训 1

建筑平面图的绘制

学习目标

☆ **项目任务**

绘制某住宅楼平面图(无文本、无标注、无家具,详见各个任务成果,或配套教材《建筑 CAD》中附录 A)。

☆ **专业能力**

绘制建筑平面图(无文本、无标注、无家具)的能力,并对此进行文件管理的能力。

☆ **CAD 知识点**

绘图命令:直线(Line)、多线(Mutiline)、圆弧(Arc)、矩形(Rectang)、多段线(Pline)、正多边形(Polygon)。

修改命令:删除(Erase)、修剪(Trim)、移动(Move)、复制(Copy)、镜像(Mirror)、分解(Explode)、延伸(Extent)、拉伸(Stretch)、圆角(Fillet)、旋转(Rotate)、偏移(Offset)、缩放(Scale)。

标　　准:特性。

工 具 栏:特性、图层(Layer)。

菜 单 栏:样式(多线)。

状 态 栏:正交(Ortho)、草图设置(Drafting Settings)(包括捕捉与栅格、对象捕捉及追踪、极轴追踪、动态输入等的设置及其设置的开关)、线宽。

操作约定:在本书中作如下操作约定。

◆ 单击:用鼠标左键单击。

◆ 双击:用鼠标左键双击。
◆ 右单击:用鼠标右键单击。
◆ 右双击:用鼠标右键双击。

任务 1 绘制一间平房一层平面图
○○○ （轴线、墙线）

一、实训任务

绘制 3600mm×4800mm 房屋的一层平面图(轴线、墙线),如图 1-1 所示。

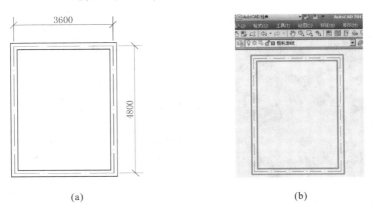

(a)   (b)

图 1-1 绘制一间平房的一层平面图

二、专业能力

绘制一间平房的一层平面图(轴线、墙线)的能力,并对此进行文件管理的能力。

三、CAD 知识点

绘图命令:直线(Line)。
修改命令:删除(Erase)。
标准:特性。
工具栏:特性、图层(Layer)。
状态栏:正交、线宽、草图设置(包括捕捉与栅格、对象捕捉及追踪、极轴追踪、动态输入等的设置及其设置的开关)。

四、实训指导

1. 安装 AutoCAD 2012

AutoCAD 2012 提供了安装向导,按照安装向导的提示逐步进行操作即可。具体操作可参见配套教材《建筑 CAD》中"任务 1/(二)/1"中所述。

2. 启动 AutoCAD 2012

启动 AutoCAD 2012 可采用如下 2 种方法。

(1)双击桌面上的"AutoCAD 2012-Simplified Chinese"快捷图标，如图 1-2 所示。

(2)选择"开始"→"程序(P)"→"Autodesk"→"AutoCAD 2012-Simplified Chinese"→"AutoCAD 2012-Simplified Chinese"命令,如图 1-2 所示。

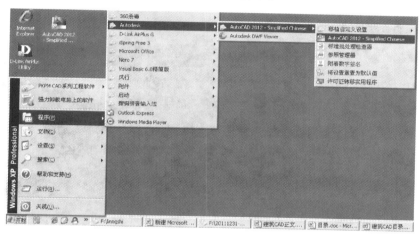

图 1-2　启动 AutoCAD 2012

3. 选择绘图界面

AutoCAD 2012 启动后,在如图 1-3 所示的界面中,单击标题栏左侧的快速工具栏"工作空间"模式,在弹出的下拉菜单中,选择"AutoCAD 经典",如图 1-3 所示。将出现如图 1-4 所示的"AutoCAD 经典"工作空间界面。

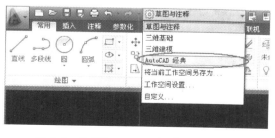

图 1-3　选择"AutoCAD 经典"工作空间

图 1-4 "AutoCAD 经典"工作空间界面

4. 建立图形文件

选择"文件(F)"→"另存为(A)..."命令,如图 1-5(a)所示。此时弹出"图形另存为"对话框,如图 1-6(a)所示,选择文件保存目录,修改文件名,选择保存文件类型(保存为较低版本比较好,这样文件在其他计算机中用更高版本操作时,可以兼容),如图 1-6(b)所示。单击"保存(S)"按钮,回到 AutoCAD 经典界面,此时与图 1-5(a)相比较,可以发现,标题栏中的"Drawing1.dwg"变为"实训 1-任务 1.dwg",如图 1-5(b)所示。

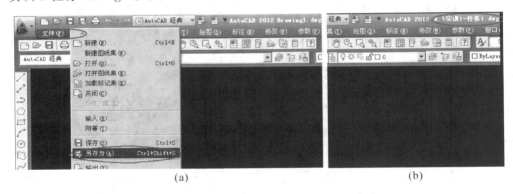

(a)　　　　　　　　　　　　　　(b)

图 1-5 选择"文件(F)"→"另存为(A)..."命令

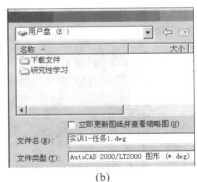

(a)　　　　　　　　　　　　　　(b)

图 1-6 "图形另存为"对话框

此时,单击快速工具栏中的 按钮,如图 1-7 所示,将弹出"选择文件"对话框。在"查找范围(I)"下拉列表中选择"实训 1-任务 1.dwg"文件所在路径,此时,该文件显示在该对话框中的

"名称"列表中,如图1-8所示。

图1-7 单击"打开"按钮

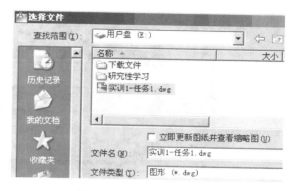

图1-8 "选择文件"对话框

也可以根据配套的《建筑CAD》教材中"项目1/子项1.1/任务1/八/(一)"中所述的方法建立图形文件。

5. 建立图层

按表1-1所示设置图层。具体步骤如下。

表1-1 图层设置

名　　称	颜　色	线　　型	线　宽	备　　注
中心线	红色■	ACAD_IS004W100(点画线)	0.2mm	轴线
细投影线	白色□	Continuous(实线)	0.2mm	未被剖切到的轮廓线
粗投影线	绿色■	Continuous(实线)	0.6mm	被剖切到的轮廓线
其他	蓝色■	Continuous(实线)	0.2mm	根据需要设置

1)新建图层

在界面中,单击"图层"工具栏中的"图层特性管理器"按钮 ,如图1-9所示,弹出如图1-10所示的"图层特性管理器"对话框。在"图层特性管理器"对话框中,单击"新建图层"按钮 ,生成名称为"图层1"的图层,如图1-11所示。

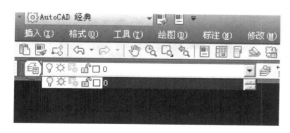

图1-9 单击"图层特性管理器"按钮

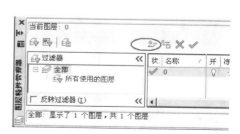

图1-10 "图层特性管理器"对话框

2)修改名称

单击"图层1",将其名称修改为"中心线",如图1-12所示。

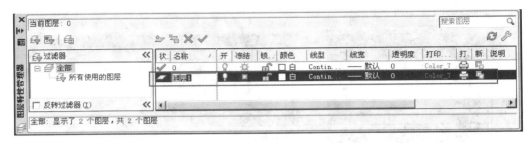

图 1-11　新建图层

图 1-12　修改图层名称

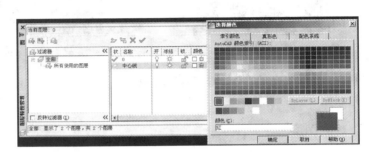

图 1-13　设置图层颜色

3）设置颜色

选择"中心线"图层，单击该图层的"颜色"栏，弹出"选择颜色"对话框，如图 1-13 所示。在该对话框中选择红色，单击"确定"按钮。

4）设置线型

选择"中心线"图层，单击该图层的"线型"栏，弹出"选择线型"对话框，单击"加载（L）…"按钮，弹出"加载或重载线型"对话框，在此对话框中选择"ACAD_IS004W100"（见图 1-14），单击"确定"按钮。回到"选择线型"对话框中，在此对话框中单击"ACAD_IS004W100"线型，单击"确定"按钮。此时"中心线"图层线型由之前的"Continuous"变为"ACAD_IS004W100"，如图 1-15（a）所示。

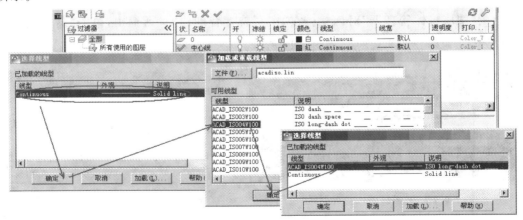

图 1-14　设置线型

5）设置线宽

选择"中心线"图层,单击该图层"线宽"栏,弹出"线宽"对话框,在其中选择"——0.2mm",单击"确定"按钮,此时"中心线"图层的"线宽"栏由之前的"默认"变为"——0.2毫米",如图 1-15(b)所示。

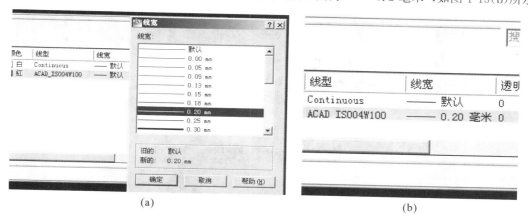

图 1-15　设置线宽

使用同样的方法,可以设置其他图层,并选择"其他"图层,单击 ✔ 按钮,将"其他"图层设置为当前图层,如图 1-16 所示,满足表 1-1 所示条件。关闭"图层特性管理器"对话框,回到绘图界面。

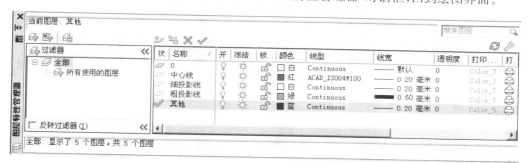

图 1-16　设置"其他"图层的当前图层

6. 设置状态栏

设置"对象捕捉"。启用对象捕捉模式中的"端点（E）" □ ☑端点(E)、"中点（M）"△ ☑中点(M)；启用状态栏中的"正交（Ortho）" 功能和"对象捕捉" 功能。

7. 绘制辅助线

（1）设置图层。在如图 1-17 所示的绘图界面中,将当前图层设置为"其他"图层,即在"图层"工具栏的"图层控制"下拉列表中选择"其他";在"特性"工具栏中设置颜色为 ■ ByLayer,设置线型为——ByLayer,设置线宽为——ByLayer。

图 1-17　设置当前图层为"其他"图层

（2）绘制辅助线　将绘图比例设置为 1∶100。单击"直线"按钮，按照命令行提示，进行如下操作，得到辅助图形 ABCD，如图 1-18 所示。

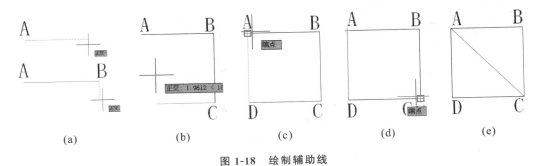

| (a) | (b) | (c) | (d) | (e) |

图 1-18　绘制辅助线

其命令行提示如下。

命令：_line 指定第一点：（单击界面上任一点 A）

指定下一点或［放弃(U)］：2.4 //命令行输入 2.4，十字光标放在 A 点右侧，按回车键，得到 B 点，如图 1-18(a)所示

指定下一点或［放弃(U)］：2.4 //命令行输入 2.4，十字光标放在 B 点下侧，如图 1-18(a)所示，按回车键，得到 C 点，如图 1-18(b)所示

指定下一点或［闭合(C)/放弃(U)］：2.4 //命令行输入 2.4，十字光标放在 C 点左侧，如图 1-18(b)所示，按回车键，得到 D 点，如图 1-18(c)所示

指定下一点或［闭合(C)/放弃(U)］：//用十字光标捕捉 A 点，如图 1-18(c)所示，单击确认

指定下一点或［闭合(C)/放弃(U)］：//用十字光标捕捉 C 点，如图 1-18(d)所示，单击确认

指定下一点或［闭合(C)/放弃(U)］：//按回车键

8．绘制轴线

（1）设置图层。在图 1-19 所示的绘图界面中，设置当前图层为"中心线"图层，即在"图层"工具栏的"图层控制"下拉列表中选择"中心线"；在"特性"工具栏中设置颜色为 ■ ByLayer、线型为—— · ——ByLayer、线宽为——ByLayer。

图 1-19　设置当前图层的"中心线"图层

（2）绘制轴线。将绘图比例设置为 1∶100。使用直线（Line）命令绘制出 3600mm×4800mm 的矩形框，如图 1-20(a)所示。具体操作时，可参考辅助线 ABCD 的绘制步骤（如图1-18所示）。其中第一点是使用十字光标捕捉 AC 线段的中点，并单击，即可进入下一步操作；其长度和宽度分别输入 36、48。

（3）注意事项。也可以将绘图比例设置为 1∶1，此时输入的开间（长度）、进深（宽度）分别为 3600、4800。当使用 1∶1 比例绘制，而出图比例为 1∶100 时，则将线型的全局比例设置为 100；当使用 1∶100 比例绘制时，而出图比例也是 1∶100 时，则将线型的全局比例设置为 1。

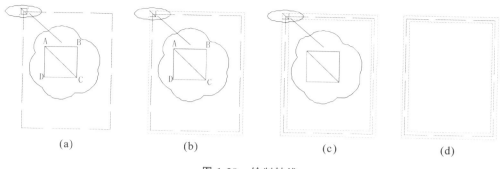

图 1-20　绘制轴线

9. 绘制内、外墙线

(1)设置图层。在图 1-21 所示的绘图界面中,设置当前图层为"粗投影线"图层,即在"图层"工具栏的"图层控制"下拉列表中选择"粗投影线";在"特性"工具栏中设置颜色为 ■ ByLayer、线型为——ByLayer、线宽为 ■■■ ByLayer。

图 1-21　设置当前图层为"粗投影线"图层

(2)绘制外墙线。使用直线(Line)命令绘出 3840mm×5040mm 的矩形框,如图 1-20(b)所示。具体操作时,可参考辅助线的绘制步骤,其中第一点是用十字光标捕捉 A 点并单击,即可进入下一步操作;长度、宽度分别输入 38.4、50.4。

(3)绘制内墙线。使用直线(Line)命令绘制出 3360mm×4560mm 的矩形框,如图 1-20(c)所示。具体操作时,可参考辅助线的绘制步骤。其中第一点是用十字光标捕捉 C 点并单击,即可进入下一步操作;长度、宽度分别输入 33.6、45.6。

(4)注意事项　绘图比例同轴线。

10. 删除辅助线

单击"删除"按钮 ✎ ,删除辅助线得到图 1-20(d)。具体命令行提示如下,其过程如图 1-22 所示。

命令:_erase
选择对象://单击辅助图形左上角取点,如图 1-22(a)所示
选择对象:指定对角点://单击辅助图形右下角取点,如图 1-22(b)所示
选择对象:指定对角点:找到 5 个 //如图 1-22(c)所示,辅助线被选中,变成虚线
选择对象://右击界面任一点,删除对象,结束命令,得到图 1-22(d)
命令:

11. 效果显示

在状态栏中选中"线宽"按钮 ╋ ,此时将得到如图 1-1(b)所示的显示线宽的一间平房的一层平面图(不带门窗)。

9

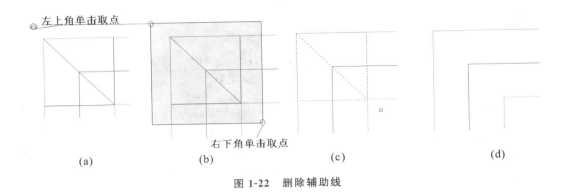

左上角单击取点

右下角单击取点

(a)　　　　　　(b)　　　　　　(c)　　　　　　(d)

图1-22　删除辅助线

12. 保存图形文件

单击"保存"按钮 🖫 ,保存文件。单击界面右上角的关闭按钮 🗙 ,退出 AutoCAD 界面。

任务 **2** 绘制 $W \times L$ 房屋的一层平面图
（带门窗）

一、实训任务

绘制 3600mm×4800mm 房屋的一层平面图（轴线、墙线、门窗），如图1-23 所示。

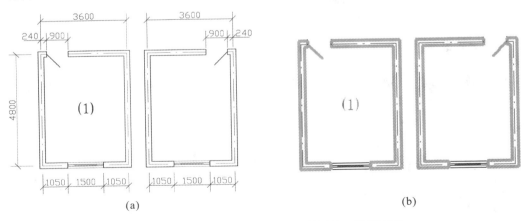

3600

240 900

4800

(1)

3600

900 240

(1)

1050 1500 1050　　1050 1500 1050

(a)

(1)

(b)

图1-23　绘制 3600mm×4800mm 房屋的一层平面图

二、专业能力

绘制一间平房的一层平面图(轴线、墙线、门窗)的能力,以及对此进行文件管理的能力。

三、CAD知识点

修改命令:修剪(Trim)、移动(Move)、直线(Line)(带角度)。

四、实训指导

1. 建立图形文件

可以按照"实训1/任务1"中"四、实训指导"中的步骤建立图形文件,也可以按照如下方法建立"实训1-任务2.dwg"图形文件。

打开"实训1-任务1.dwg"文件,启动AutoCAD 2012。在打开的界面中,选择"文件(F)"→"另存为(A)…"命令,如图1-24(a)所示。此时弹出"图形另存为"对话框,将"文件名(N)"文本框中的"实训1-任务1.dwg"修改为"实训1-任务2.dwg",如图1-25所示。单击"保存(S)"按钮,回到绘图界面,如图1-24(b)所示。此时,比较图1-24(a)与图1-24(b)可以发现,标题栏中的"实训1-任务1.dwg"更改为"实训1-任务2.dwg"。

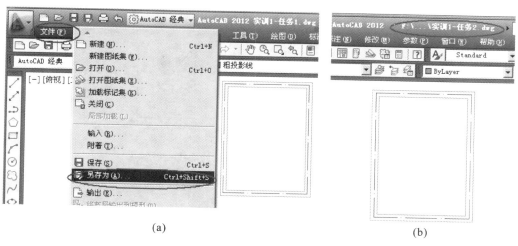

(a)   (b)

图1-24 建立"实训1-任务2.dwg"图形文件

2. 建立图层

此时,图形文件的图层已经建立,根据需要对现有图层进行删补。

11

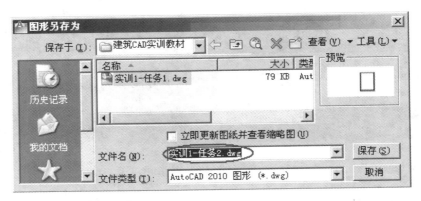

图 1-25　修改文件名

3. 设置状态栏

设置"对象捕捉"。启用对象捕捉模式中的"端点（E）"□ ☑端点(E)、"中点（M）"△ ☑中点(M)；启用状态栏中"正交(Ortho)"□功能和"对象捕捉"□功能。

4. 绘制轴线、内、外墙线

绘制轴线、内、外墙线时，可以直接利用"实训 1-任务 1.dwg"图形文件，也可以根据本部分知识要点进行如下操作。

1）绘制轴线、内、外墙线

利用直线(Line)命令分别在"中心线"图层、"粗投影线"图层上绘制轴线与内、外墙线，如图 1-26 (b)所示。

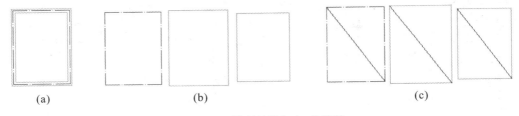

(a)　　　　　　　　(b)　　　　　　　　(c)

图 1-26　绘制轴线与内、外墙线

2）绘制辅助线

在"其他"图层中使用直线(Line)命令绘制轴线、外墙线、内墙线的对角线，如图 1-26(c)所示。

3）移动外墙线

单击"修改"工具栏中的"移动"按钮✛，根据命令行提示按下述步骤进行操作，得到图1-27(c)。

　　命令：_move
　　选择对象：找到 1 个 //单击 AB 上任一点
　　选择对象：找到 1 个,总计 2 个 //单击 BC 上任一点
　　选择对象：找到 1 个,总计 3 个 //单击 DC 上任一点
　　选择对象：找到 1 个,总计 4 个 //单击 DA 上任一点

选择对象：//单击鼠标右键,结束对象选择

指定基点或［位移(D)］<位移>：//十字光标捕捉外墙线 AC 中点,单击,如图 1-27(a)所示

指定第二个点或 <使用第一个点作为位移>：//十字光标捕捉轴线框的辅助对角线中点,单击,如图 1-27(b)所示

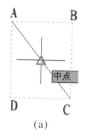 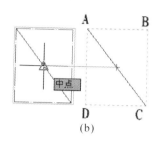 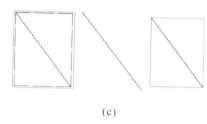

图 1-27　绘制辅助线

> **注意：**
> 上述命令行提示的选择对象的方法,也可以直接用十字拾取框选择,此时命令行提示如下。
> 命令：_move
> 选择对象：//十字拾取框单击 A 点左上角任一点
> 选择对象：指定对角点：//十字拾取框单击 C 点右下角任一点
> 选择对象：指定对角点：找到 5 个 //包括对角线共五个对象

4）移动内墙线

其方法、步骤同"3)移动外墙线"。

5）删除辅助线

使用删除(Erase)命令删除辅助对角线,得到图 1-26(a)。

5. 绘制门、窗

1）绘制辅助线

设置当前图层为"粗投影线"图层,设置特性为 <kbd>■ ByLayer ▼</kbd> <kbd>── ByLayer ▼</kbd> <kbd>■ ByLayer ▼</kbd> 选中状态栏中的"正交(Ortho)"功能,利用直线(Line)命令绘制门窗洞辅助线,如图 1-28(a)所示。

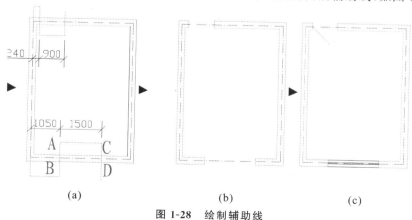

(a)　　　　　　　　　(b)　　　　　　　　　(c)

图 1-28　绘制辅助线

2）修剪门窗洞

单击"修改"工具栏中的"修剪"按钮 ，根据命令行提示进行如下操作。

命令：_trim

当前设置：投影 ＝ UCS,边 ＝ 延伸

选择剪切边…

选择对象或 <全部选择>：//单击 D 点右下方任一点 E,如图 1-29(b)所示

选择对象或 <全部选择>：指定对角点：//单击 A 点左上方任一点 F,如图 1-29(b)所示

选择对象或 <全部选择>：指定对角点：找到 6 个 //如图 1-29(c)所示

选择对象：右击

选择要修剪的对象,或按住 Shift 键选择要延伸的对象,或

[栏选(F)/窗交(C)/投影(P)/边(E)/删除(R)/放弃(U)]：//单击 A 点以上垂直线任一点

选择要修剪的对象,或按住 Shift 键选择要延伸的对象,或

[栏选(F)/窗交(C)/投影(P)/边(E)/删除(R)/放弃(U)]：//单击 C 点以上垂直线任一点

选择要修剪的对象,或按住 Shift 键选择要延伸的对象,或

[栏选(F)/窗交(C)/投影(P)/边(E)/删除(R)/放弃(U)]：//单击 B 点以下垂直线任一点

选择要修剪的对象,或按住 Shift 键选择要延伸的对象,或

[栏选(F)/窗交(C)/投影(P)/边(E)/删除(R)/放弃(U)]：//单击 D 点以下垂直线任一点

选择要修剪的对象,或按住 Shift 键选择要延伸的对象,或

[栏选(F)/窗交(C)/投影(P)/边(E)/删除(R)/放弃(U)]：//单击 AC 线段上任一点

选择要修剪的对象,或按住 Shift 键选择要延伸的对象,或

[栏选(F)/窗交(C)/投影(P)/边(E)/删除(R)/放弃(U)]：//单击 BD 线段上任一点

选择要修剪的对象,或按住 Shift 键选择要延伸的对象,或

[栏选(F)/窗交(C)/投影(P)/边(E)/删除(R)/放弃(U)]：//右击,结束命令操作,得到图 1-29(d)

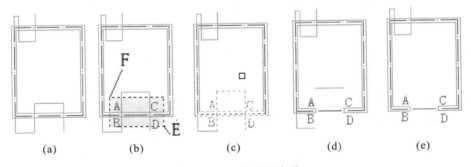

| (a) | (b) | (c) | (d) | (e) |

图 1-29 修剪门窗洞

使用删除（Erase）命令,删除多余辅助线,得到图 1-29(e)。使用相同的方法,对门洞进行操作,得到图 1-28(b)。

3）绘制图 1-28(c)

(1)利用直线（Line）命令绘制窗台线 A、B,如图 1-30(a)所示。

(2)移动线段 A 为 A′。单击"修改"工具栏上的"移动"按钮 ，按照命令行提示进行如下操作,得到图 1-30(b)。

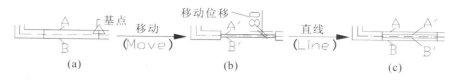

图1-30 绘制窗台线

命令：_move

选择对象：//单击A上任一点

选择对象：找到1个

选择对象：//左击

指定基点或［位移(D)］<位移>：//单击图1-30(a)所示基点

指定第二个点或 <使用第一个点作为位移>：0.8 //输入0.8,十字光标往基点下移,按回车键

重复上述操作,移动线段B为B′。注意：基点为B的右端点,指定第二点时,十字光标应在右端点上方,即相对于基点来说在线段移动的方向。

（3）利用直线(Line)命令重新绘制窗台线A、B,得到图1-30(c)。

（4）绘制门扇。单击"绘图"工具栏中的"直线"按钮 ,根据命令行提示进行如下操作。

命令：_line 指定第一点：//单击图1-28(b)中左门框的中点捕捉点

指定下一点或［放弃(U)］:@9<-45 //输入@9<-45,按回车键

指定下一点或［放弃(U)］:按回车键,结束命令,得图1-28(c)中的门扇

6. 效果显示

在状态栏中选中"线宽"按钮,此时将得到如图1-23(b)中(1)所示的显示线宽的一间平房的一层平面图。

使用相同的方法,可以得到图1-23(b)中右侧的图形。

7. 保存图形文件

单击"保存"按钮 ,保存文件。单击界面右上角的关闭按钮 ,退出AutoCAD界面。

任务 3 绘制(W×L)×2房屋的一层平面图

一、实训任务

绘制(3600mm×4800mm)×2房屋的一层平面图(轴线、墙线、门窗),如图1-31所示。

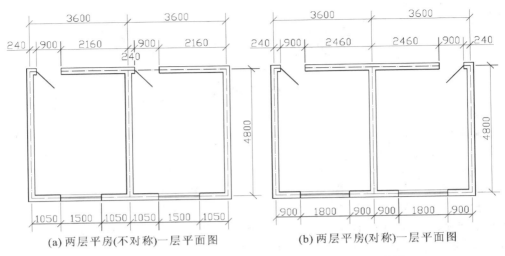

(a) 两层平房(不对称)一层平面图　　　　(b) 两层平房(对称)一层平面图

图 1-31　绘制（3600mm×4800mm）×2 房屋的一层平面图

二、专业能力

绘制相同两间平房一层平面图（轴线、墙线、门窗）的能力，以及对此进行文件管理的能力。

三、CAD 知识点

修改命令：复制（Copy）、镜像（Mirror）。

四、实训指导

1. 建立图形文件

建立"实训 1-任务 3. dwg"图形文件。具体操作可参考"实训 1-任务 2. dwg"文件建立方法。

2. 建立图层

此时图形文件的图层已经建立，根据需要对现有图层进行删补。

3. 设置状态栏

设置"对象捕捉"。启用对象捕捉模式中的"端点（E）"□、☑端点(E)、"中点（M）"△ ☑中点(M)。启用状态栏中的"正交（Ortho）"功能和"对象捕捉"□功能。

4. 绘制图 1-31（a）

1）绘制图 1-32（a）

绘制 3600mm×4800mm 一间平房的一层平面图，可参考图 1-23（a）中（1）的绘制过程。

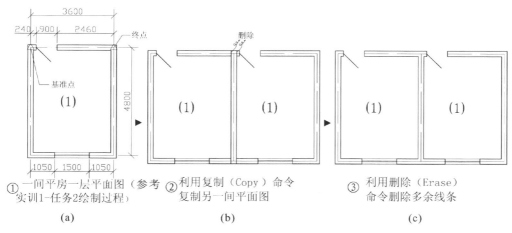

① 一间平房一层平面图（参考　② 利用复制（Copy）命令　③ 利用删除（Erase）
实训1-任务2绘制过程）　　　复制另一间平面图　　　　命令删除多余线条

（a）　　　　　　　　　　　（b）　　　　　　　　　　（c）

图 1-32　绘制图 1-31（a）

2）绘制图 1-32（b）

单击"修改"工具栏中的"复制"按钮 🔁 。根据命令行提示按下述步骤进行操作。

命令：_copy

选择对象：//单击图 1-32（a）中右下角任一点，如图 1-33（a）所示

选择对象：指定对角点：//单击图 1-32（a）左垂直轴线右上角任一点，图 1-33（a）所示

选择对象：指定对角点：找到 26 个 //如图 1-33（b）所示

选择对象：//单击图 1-32（a）左垂直轴线右上角任一点，如图 1-33（a）所示

选择对象：找到 1 个，总计 27 个 //如图 1-33（c）所示

选择对象：//右击，结束选择

当前设置：复制模式 = 多个

指定基点或［位移（D）/模式（O）］<位移>：//单击图 1-32（a）中左垂直轴线上端点，如图 1-33（d）所示

指定第二个点或［阵列（A）］<使用第一个点作为位移>：//单击图 1-32（a）中右垂直轴线上端点，如图 1-33（e）所示

指定第二个点或［阵列（A）/退出（E）/放弃（U）］<退出>：//右击，选择退出菜单，左击结束操作

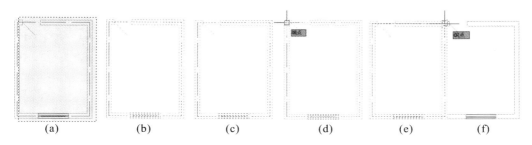

（a）　　　　（b）　　　　（c）　　　　（d）　　　　（e）　　　　（f）

图 1-33　使用复制命令绘制图 1-32（b）

3）绘制图 1-32（c）

使用删除（Erase）命令删除图 1-32（b）中所标示的需删除的直线段。

5. 绘制图 1-31（b）

1）绘制图 1-34（a）

绘制 3600mm×4800mm 一间平房的一层平面图，参考图 1-23（a）中（1）的绘制过程。

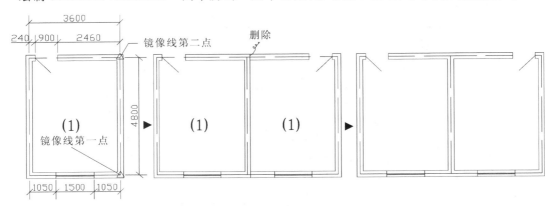

图 1-34　绘制图 1-31（b）

2）绘制图 1-34（b）

单击"修改"工具栏中的"镜像"按钮 ⚎ ，根据命令行提示作如下操作。

命令：_mirror

选择对象：//单击图 1-34（a）中右垂直轴线、右垂直内墙线之间，水平外墙线以下任一点，如图 1-35（a）所示

选择对象：指定对角点：//单击图 1-34（a）中左上方任一点，注意除右边的垂直的轴线及外墙线外，其他线条都应全部或部分在所构成的阴影框内，如图 1-35（a）所示

选择对象：指定对角点：找到 26 个

选择对象：//右击，结束选择

指定镜像线的第一点：//单击图 1-34（a）中右垂直轴线下端点，如图 1-35（b）所示

指定镜像线的第一点：指定镜像线的第二点：//单击图 1-34（a）右垂直轴线上端点，如图 1-35（c）所示

要删除源对象吗？[是（Y）/否（N）]<N>：//按回车键，选择默认"N"，结束操作，得到图 1-34（b）

图 1-35　绘制图 1-34（b）

3）绘制图 1-34（c）

使用删除（Erase）命令删除图 1-34（b）中所标示的需删除的直线段。

6. 效果显示

在状态栏中选中"线宽"按钮，此时将得到如图 1-31 所示的房屋显示线宽的平面图，如图 1-36所示。

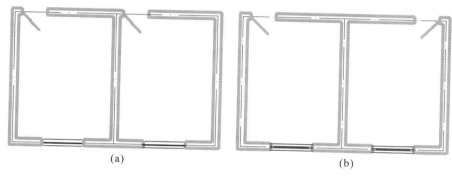

（a）   （b）

图 1-36　绘制完成图 1-31（b）

7. 保存图形文件

单击"保存"按钮，保存文件。单击界面右上角的关闭按钮，退出 AutoCAD 界面。

任务 4 绘制 $W_1 \times L_1 + W_2 \times L_2$ 房屋的
◦◦◦ 一层平面图

一、实训任务

绘制 3600mm × 4800mm ＋ 3300mm × 4800mm（和 3600mm × 4800mm ＋ 3300mm × 3900mm）房屋的一层平面图（包括轴线、墙线、门窗等），如图 1-37 所示。

二、专业能力

绘制两间平房一层平面图（轴线、墙线、门窗）的能力，以及对此进行文件管理的能力。

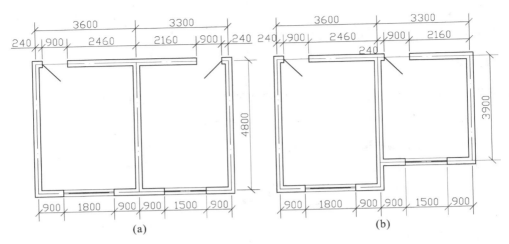

(a)   (b)

图 1-37　绘制 3600mm×4800mm＋3300mm×4800mm

（和 3600mm×4800mm＋3300mm×3900mm）房屋的一层平面图

三、CAD 知识点

绘图命令：多线（Mutiline）、直线（Line（捕捉延长点））。

修改命令：分解（Explode）、延伸（Extent）、拉伸（Stretch）。

菜单栏：格式（多线样式）。

四、实训指导

1. 建立图形文件

建立"实训 1-任务 4. dwg"图形文件。具体可参考"实训 1-任务 2. dwg"图形文件的建立方法。

2. 建立图层

此时图形文件的图层（表 1-1）已经建立，根据需要对现有图层进行删补。

3. 设置状态栏

设置"对象捕捉"。启用对象捕捉模式中的"端点（E）" □ ☑端点(E)、"中点（M）" △ ☑ 中点(M)。启用状态栏中的"正交（Ortho）" 功能和"对象捕捉" 功能。

4. 绘制图 1-41（a）

1）绘制轴线

将图层设置为"中心线"图层，图形特性皆设置为"ByLayer"。使用直线（Line）命令绘制轴线,得到图1-41(b)。

2)绘制墙线

（1）设置多线样式。选择"格式（O）"→"多线样式（M）…"命令,在弹出的"多线样式"对话框中,单击"新建（N）…"按钮,如图1-38(a)所示。

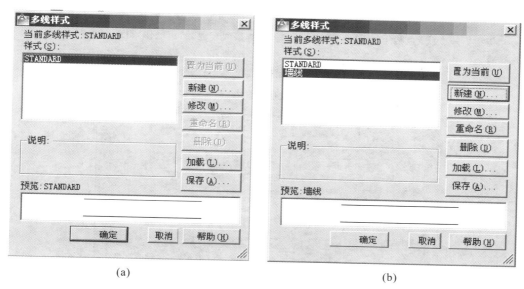

(a)   (b)

图1-38 "多线样式"对话框

在弹出的"创建新的多线样式"对话框的"新样式名（N）"文本框中输入"墙线",单击"继续"按钮,如图1-39所示。

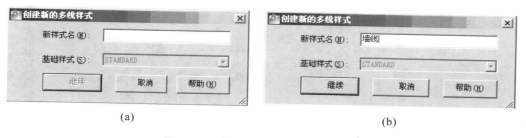

(a)   (b)

图1-39 "创建新的多线样式"对话框

在弹出的"新建多线样式:墙线"对话框中,按如图1-40所示进行设置,单击"确定"按钮,回到"多线样式"对话框,如图1-38(b)所示,依次单击"置为当前（U）"、"确定"按钮,回到绘图界面。

（2）绘制墙体。选择"绘图（D）"→"多线（U）"命令,根据命令行提示,进行如下操作。

命令:_mline

当前设置:对正 = 上,比例 = 20.00,样式 = 墙体

指定起点或［对正（J）/比例（S）/样式（墙体）］:s //输入s,按回车键

输入多线比例 <20.00>:2.4 //输入2.4,按回车键

当前设置:对正 = 上,比例 = 2.40,样式 = 墙体

指定起点或［对正（J）/比例（S）/样式（墙体）］:j //输入j,按回车键

输入对正类型[上(T)/无(Z)/下(B)]<上>:z //输入 z,按回车键

当前设置:对正 = 无,比例 = 2.40,样式 = 墙体

指定起点或[对正(J)/比例(S)/样式(墙体)]: //单击端点捕捉点 A,如图 1-41(b)所示

指定下一点: //单击端点捕捉点 B,如图 1-41(b)所示

指定下一点或[放弃(U)]: //单击端点捕捉点 D,如图 1-41(b)所示

指定下一点或[闭合(C)/放弃(U)]: //单击端点捕捉点 C,如图 1-41(b)所示

指定下一点或[闭合(C)/放弃(U)]:c //输入 c,按回车键,结束操作,得到图 1-41(c)

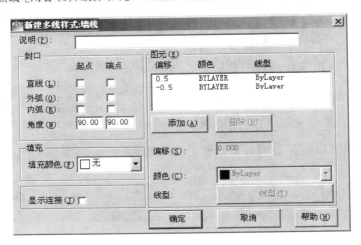

图 1-40 "新建多线样式:墙线"对话框

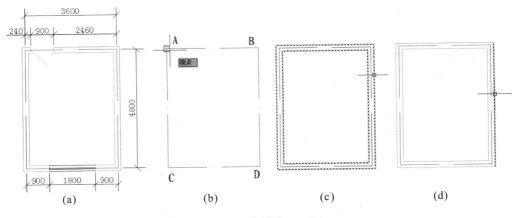

图 1-41 绘制图 1-41(a)

(3)分解墙体。单击"修改"工具栏中的"分解"按钮。根据命令行提示,进行如下操作。

命令:_explode

选择对象: //单击图 1-41(c)中墙线的任一点,得到图 1-41(d)

选择对象: //按回车键,结束选择

3)绘制门窗

参考"实训 1/任务 2/四/5.绘制门、窗"中的方法,在图 1-41(d)中绘制门窗,得到图 1-41

(a)。

5. 绘制 1-37(a)

(1) 利用镜像(Mirror)、删除(Erase)命令,参考"实训 1/任务 3/四/5. 绘制图 1-31(b)"中的方法,得到图 1-42(a)。

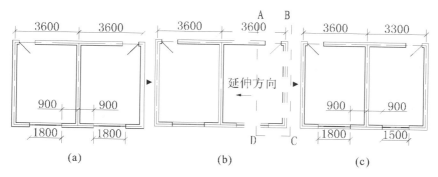

图 1-42　绘制图 1-42(a)

(2) 单击"修改"工具栏中的"拉伸"按钮 。根据命令行提示按下述步骤进行操作,可得到图 1-37(a)。

命令:_stretch

以交叉窗口或交叉多边形选择要拉伸的对象…

选择对象://单击图形右下方任一点 C,如图 1-42(b)所示

选择对象:指定对角点://单击图形拉伸部位的上方任一点 A,如图 1-42(b)所示

选择对象://按回车键

指定基点或[位移(D)]<位移>://单击图形附近的空白位置的任一点

指定第二个点或 <使用第一个点作为位移>://十字光标放在 F 点左侧,即如图 1-42(b)所示的拉伸方向,并在命令行输入"3",按回车键

6. 绘制 1-37(b)

1) 绘制图 1-43(a)

复制图 1-41(a),运用复制(Copy)命令和删除(Erase)命令,参考"实训 1/任务 3/四/4. 绘制图 1-31(a)"中的方法,得到图 1-43(a),并运用修剪(Trim)命令使得两间房子最下面外墙线不发生重叠。

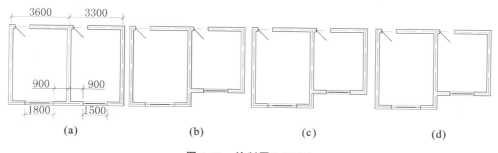

图 1-43　绘制图 1-37(b)

2）绘制图 1-43（b）

单击"修改"工具栏中的"拉伸"按钮 ![button] 。根据命令行提示,按下述步骤进行操作,可得到图 1-43（b）。

> 命令：_stretch
> 以交叉窗口或交叉多边形选择要拉伸的对象…
> 选择对象：//单击窗间墙的外墙线 L1 上的任一点,如图 1-44（a）所示
> 选择对象：找到 1 个
> 选择对象：//单击外墙轴线 L2 上的任一点,如图 1-44（a）所示
> 选择对象：找到 1 个,总计 2 个
> 选择对象：//单击该房子右下角的任一点 A,如图 1-44（a）所示
> 选择对象：指定对角点：//单击 L4 与 L5 之间的任一点 B（需在 L3 之上）,如图 1-44（a）所示
> 选择对象：指定对角点：找到 15 个（2 个重复）,总计 15 个
> 选择对象：//右击,如图 1-44（b）所示
> 指定基点或［位移（D）］＜位移＞：//单击界面上任一点 C,如图 1-44（c）所示
> 指定第二个点或＜使用第一个点作为位移＞：9 //输入 9,十字光标放在 C 点正上方任一点 D,如图 1-44（c）所示,右击结束命令操作

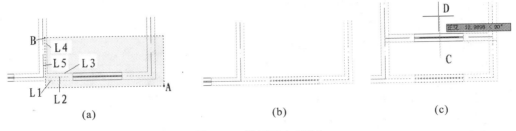

图 1-44 绘制图 4-43（b）

3）绘制缺损外墙线

将图层设置为"粗投影线"图层,图形特性皆设置为"ByLayer"。启用对象捕捉模式中的"端点（E）" ![端点] 、"中点（M）" ![中点] 、"延长线（X）" ![延长线] 。启用状态栏中的"正交（Ortho）" ![button] 功能和"对象捕捉" ![button] 功能。

（1）补垂直外墙线。单击直线（Line）命令,根据命令行提示按下述步骤进行操作,可得到图 1-43（c）。

> 命令：_line 指定第一点：//捕捉内墙交点 A,如图 1-45（a）所示,此时十字光标向外墙移动并捕捉到过 A 点垂直线与外墙的交点 B 时单击,如图 1-45（b）所示
> 指定下一点或［放弃（U）］：//捕捉过 B 点垂直线与 L1 外墙线延长线的交点 C,如图 1-45（c）所示,单击
> 指定下一点或［放弃（U）］：//按回车键

（2）补水平外墙线。单击"修改"工具栏中的"延伸"按钮 ![button] 。根据命令行提示按下述步骤进行操作,可得到图 1-43（d）。

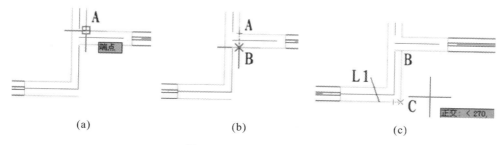

(a)　　　　　　　　　　(b)　　　　　　　　　　(c)

图 1-45　绘制图 1-43(c)

命令：_extend

当前设置：投影＝UCS,边＝延伸

选择边界的边 …

选择对象或 ＜全部选择＞ ：//单击外墙线 L1,如图 1-46(a)所示

选择对象或 ＜全部选择＞ ：找到 1 个

选择对象：//按回车键

选择要延伸的对象,或按住 Shift 键选择要修剪的对象,或

[栏选(F)/窗交(C)/投影(P)/边(E)/放弃(U)]：//单击外墙线 L2,如图 1-46(b)和图 1-46(c)所示

选择要延伸的对象,或按住 Shift 键选择要修剪的对象,或

[栏选(F)/窗交(C)/投影(P)/边(E)/放弃(U)]：//按回车键,结束操作,得到图 1-46(d)

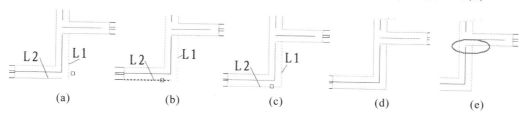

(a)　　　　　　(b)　　　　　　(c)　　　　　　(d)　　　　　　(e)

图 1-46　绘制图 1-43(d)

4）完善

运用修剪(Trim)命令,修剪多余线条,如图 1-46(e)所示,得到图 1-36(b)。

7. 效果显示

在状态栏中选中"线宽"按钮,此时将得到图 1-36 所示房屋显示线宽的平面图,如图 1-47 所示。

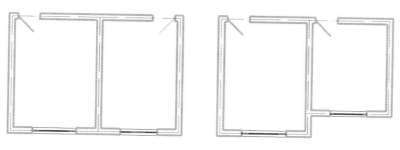

图 1-47　完成绘制

8. 保存图形文件

单击"保存"按钮 📁 ，保存文件。单击界面右上角的关闭按钮 ✖ ，退出 AutoCAD 界面。

任务 **5** 绘制某住宅楼的一层平面图

一、实训任务

绘制某住宅房屋的一户一层平面图（轴线、墙线、门窗），如图 1-48 和图 1-49 所示。

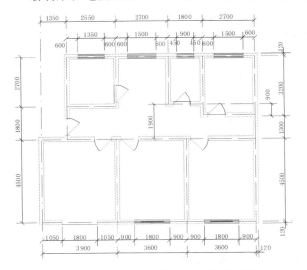

图 1-48　绘制某住宅房屋的一户一层平面图（一）

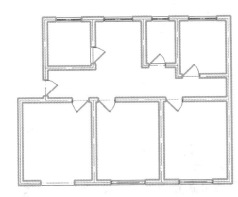

图 1-49　绘制某住宅房屋的一户一层平面图（二）

二、专业能力

绘制建筑平面图（墙线、轴线、门窗）的能力，以及对此进行文件管理的能力。

三、CAD 知识点

绘图命令：圆弧（Arc）。
修改命令：圆角（Fillet）、旋转（Rotate）。

四、实训指导

1. 建立图形文件

建立"实训1-任务5.dwg"图形文件。具体可参考"实训1-任务2.dwg"图形文件的建立方法。

2. 建立图层

此时图形文件的图层已经建立,根据需要对现有图层进行删补。

3. 设置状态栏

设置"对象捕捉"。启用对象捕捉模式中的"端点(E)"□ ☑端点⒠、"中点(M)"△ ☑中点⒨、"延长线(X)"⋯ ☑延长线⒳。启用状态栏中的"正交(Ortho)"功能和"对象捕捉"功能。

4. 绘制轴线

将当前图层设为"中心线"图层。在绘图界面上,在"图层"工具栏的"图层控制"中选择"中心线"图层;在"特性"工具栏中设置颜色为■ByLayer、线型为——·——ByLayer、线宽为——ByLayer。运用直线(L)、复制(C)、拉伸(H)、移动(V)等命令绘制轴线,如图1-50(a)所示。

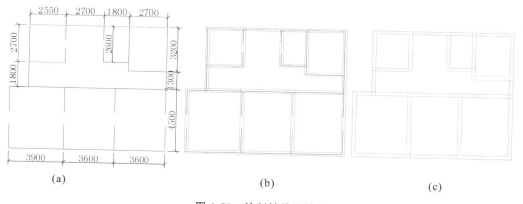

(a)   (b)   (c)

图1-50 绘制轴线和墙线

5. 绘制墙线

将当前图层设为"粗投影线"图层。在"特性"工具栏中设置颜色为■ByLayer、线型为——ByLayer、线宽为——ByLayer。绘制墙线的具体步骤如下。

(1)使用多线命令绘制内、外墙线,并用"分解"命令分解内、外墙线,具体可参考"实训1/任务4/四/4.绘制图1-41(a)/2)"中的方法绘制墙线,得到图1-50(b)。

(2) 打开"图层控制"下拉列表框,按图 1-51(a)所示进行设置,并将"粗投影线"图层设为当前图层。此时界面中的图 1-50(b)显示为图 1-50(c)。

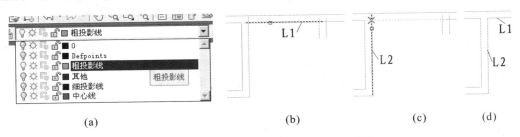

图 1-51　设置当前图层为"粗投影线"图层

(3) 单击"修改"工具栏中的"圆角"按钮 。根据命令行提示对图 1-50(c)进行如下操作。

```
命令: _fillet
当前设置: 模式 = 修剪,半径 = 0.0000
选择第一个对象或 [放弃(U)/多段线(P)/半径(R)/修剪(T)/多个(M)]: m  //输入 m,按回车键
选择第一个对象或 [放弃(U)/多段线(P)/半径(R)/修剪(T)/多个(M)]:  //单击图 1-51(b)中 L1 上任一点
选择第二个对象,或按住 Shift 键选择对象以应用角点或 [半径(R)]:  //单击图 1-51(c)中 L2 上任一点,修剪结果为图 1-51(d)
选择第一个对象或 [放弃(U)/多段线(P)/半径(R)/修剪(T)/多个(M)]:  //继续进行下一个需要修剪的墙线角
```

墙体修剪好后,打开"图层控制"下拉列表框,打开被关掉的图层,得到图 1-52(a)。

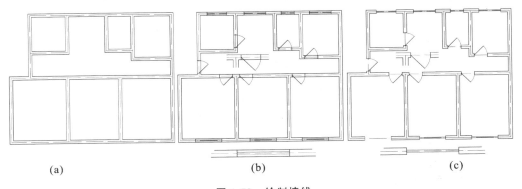

图 1-52　绘制墙线

6. 绘制门

1) 绘制门模板

绘制门模板如图 1-53(e)所示。

(1) 绘制图 1-53(a)所示的门框。使用直线(Line)命令、复制(Copy)命令绘制。其中,门框与门扇在"粗投影线"图层中绘制,在"特性"工具栏中设置其特性均为"ByLayer"(随层);辅助线在"其他"图层中绘制,在"特性"工具栏中设置其特性均为"ByLayer"(随层)。

(2) 绘制门扇轨迹线。设置"细投影线"图层为当前图层,在"特性"工具栏中设置其特性均

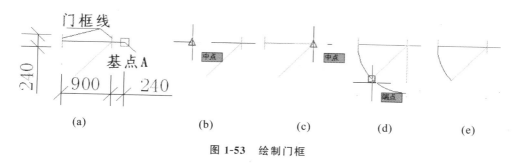

图1-53　绘制门框

为"ByLayer"(随层);单击"绘图"工具栏中的"圆弧"按钮 ，根据命令行提示按下述步骤进行操作,得到图1-53(e)。

命令:_arc

指定圆弧的起点或[圆心(C)]://捕捉左门框线中点,单击,如图1-53(b)所示

指定圆弧的第二个点或[圆心(C)/端点(E)]:c 输入c,按回车键

指定圆弧的圆心://捕捉右门框线中点,单击,如图1-53(c)所示

指定圆弧的端点或[角度(A)/弦长(L)]://单击门扇远离转轴的端点,如图1-53(d)所示

(3)绘制各种门模板。单击"修改"工具栏中的"旋转"按钮 。根据命令行提示按下述步骤进行操作。

命令:_rotate

UCS当前的正角方向:ANGDIR= 逆时针　ANGBASE= 0

选择对象://单击门框、门扇及其轨迹线的右下角任一点

选择对象:指定对角点://单击门框、门扇及其轨迹线的右下角任一点

选择对象:指定对角点:找到 4 个

选择对象://右击

指定基点://单击基点 A,如图1-54(a)所示

指定旋转角度,或[复制(C)/参照(R)]<90>:c //输入 c,按回车键

旋转一组选定对象。

指定旋转角度,或[复制(C)/参照(R)]<90>:90 //输入 90,如图1-54(b)所示,按回车键,得到图1-54(c)

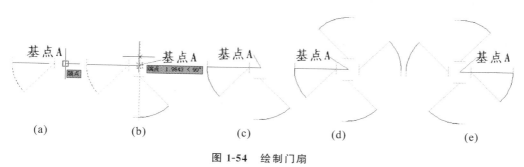

图1-54　绘制门扇

反复运用"旋转" 命令,得到图1-54(d);运用镜像命令,得到图1-54(e)。

2)插入门

使用复制(C)命令,把图1-54(d)或者图1-54(e)中的门模板,插入到图1-52(a)中,其中,基

点选择为门模板中的基点 A,插入点选择对应的轴线之间的交点,得到图 1-52(b)。

　　3) 完善门

　　使用修剪命令,修剪门框线之间的墙线,得到图 1-52(c)。

7. 绘制窗

　　(1) 绘制窗模板。使用直线、多线、分解等命令绘制图 1-55(a)所示的窗洞,以宽度为 1350mm 的窗洞投影线作为模板。其中,窗框在“粗投影线”图层中绘制,在“特性”工具栏中设置其特性均为“ByLayer”(随层);窗扇在“细投影线”图层中绘制,在“特性”工具栏中设置其特性均为“ByLayer”(随层);轴线在“中心线”图层中绘制,在“特性”工具栏中设置其特性均为“ByLayer”(随层)。

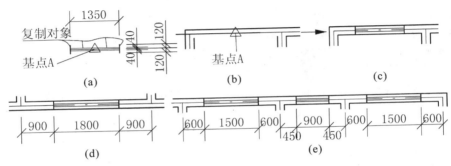

图 1-55　绘制窗

　　(2) 复制窗模板至图 1-52(a)中所有功能区中的窗位置,复制对象、基点及复制处基点如图 1-55(a)、(b)所示,得到图 1-55(c)。

　　(3) 使用拉伸命令,拉伸窗模板为各自尺寸的窗,图 1-55(d)所示为南面外墙窗,图 1-55(e)所示为北面外墙窗,得到图 1-52(b)。

　　(4) 使用修剪命令,修剪掉窗框处内、外墙线,此外,运用删除命令,删除阳台处窗扇线,得到图 1-52(c)。

　　(5) 使用多线命令,绘制窗框处内外窗台线。此时,设置“细投影线”图层为当前图层,在“特性”工具栏中将特性均设置为“ByLayer”(随层)。其他可参考“实训 1/任务 4/四/4. 绘制图 1-41(a)/2)绘制墙线”中的绘制方法与步骤,得到图 1-48 中窗。

8. 完善

　　使用直线命令,绘制厨房、卫生间、阳台处的高差线。此时,设置“细投影线”图层为当前图层,在“特性”工具栏中将特性均设置为“ByLayer”(随层)。

9. 效果显示

　　在状态栏中选中“线宽”按钮,此时将得到图 1-48 所示的房屋显示线宽的平面图,如图 1-49 所示。

10. 保存图形文件

单击"保存"按钮![save]，保存文件。单击界面右上角的关闭按钮![close]，退出 AutoCAD 界面。

任务 **6** 绘制某住宅楼的标准层平面图

一、实训任务

绘制某住宅楼标准层平面图（轴线、墙线、门窗），如图 1-56 所示。

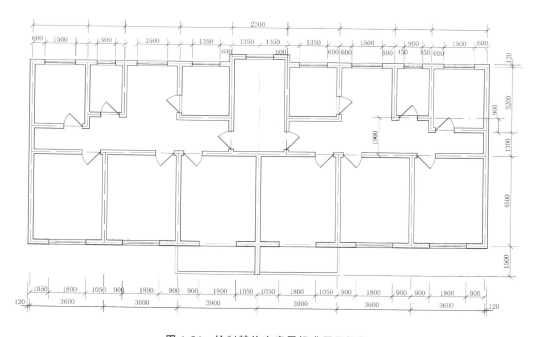

图 1-56　绘制某住宅房屋标准层平面图

二、专业能力

绘制建筑标准平面图（墙线、轴线、门窗）的能力，以及对此进行文件管理的能力。

三、CAD知识点

绘图命令:矩形(Rectang)、多线(Line)。

修改命令:偏移(Offset)。

菜单栏:格式("轴线-墙线" ≡≡ 多线样式、"窗" ≡≡ 多线样式)。

四、实训指导

1. 建立图形文件

建立"实训 1-任务 6.dwg"图形文件。具体可参考"实训 1-任务 2.dwg"图形文件的建立方法。

2. 建立图层

此时图形文件的图层已经建立,根据需要对现有图层进行删补。

3. 设置状态栏

设置"对象捕捉"。启用对象捕捉模式中的"端点（E）" ☐ ☑端点(E)、"中点（M）" △ ☑中点(M)、"延长线（X）" ┄ ☑延长线(X)。启用状态栏中的"正交(Ortho)" 功能和"对象捕捉" ☐ 功能。

4. 绘制轴线

设置当前图层为"中心线"图层;在绘图界面上,在"图层"工具栏的"图层控制"中选择"中心线"图层;在"特性"工具栏中设置颜色为 ▓ ByLayer、线型为—— • ——ByLayer、线宽为——ByLayer。

单击"绘图"工具栏中的"矩形"按钮 🔲 。根据命令行提示按下述步骤进行操作。

```
命令:_rectang
指定第一个角点或 [倒角(C)/标高(E)/圆角(F)/厚度(T)/宽度(W)]://单击矩形第一个角点
指定另一个角点或 [面积(A)/尺寸(D)/旋转(R)]: d //输入 d
指定矩形的长度 <10.0000> : 36 //输入 36
指定矩形的宽度 <10.0000> : 45 //输入 45
指定另一个角点或 [面积(A)/尺寸(D)/旋转(R)]://单击矩形第一个角点,结束命令,得到 3600mm
×4500mm 功能房间轴线
```

再使用分解(Explode)命令分解"3600mm×4500mm 功能房间轴线"。根据需要绘制其他功能房间轴线。

使用直线(L)、复制(C)、拉伸(H)、移动(V)等命令绘制轴线。得到图 1-50(a)所示的轴线。

5. 绘制墙线

参考"实训 1/任务 5/四/5.绘制墙线"中介绍的方法、步骤,得到图 1-52(a)。

6. 绘制门

参考"实训 1/任务 5/四/6.绘制门"中介绍的方法、步骤,得到图 1-52(c)中所示的门。

7. 绘制窗

参考"实训 1/任务 5/四/7.绘制窗"中介绍的方法、步骤,得到图 1-52(c)中所示的窗。其中,"运用多线命令,绘制窗框处内外窗台线"部分是使用偏移(Offset)命令进行绘制时,具体操作如下所述。

单击"修改"工具栏中的"偏移"按钮 ,根据命令行提示按下述步骤进行操作。

    命令: _offset
    当前设置:删除源= 否 图层= 源 OFFSETGAPTYPE= 0
    指定偏移距离或[通过(T)/删除(E)/图层(L)]<通过>: 0.8 //输入 0.8,按回车键
    选择要偏移的对象,或[退出(E)/放弃(U)]<退出>: //单击选择某一窗扇线上任一点,如图 1-57 (a)所示
    指定要偏移的那一侧上的点,或[退出(E)/多个(M)/放弃(U)]<退出>: //单击复制后的实体所在原实体一侧任一点,如图 1-57(b)所示,得到图 1-57(c)
    选择要偏移的对象,或[退出(E)/放弃(U)]<退出>: //继续对其他窗扇进行操作,最后按回车键结束命令

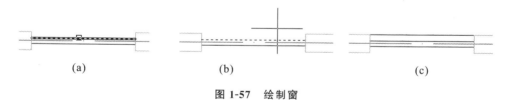

（a）　　　　　　　　　　　　（b）　　　　　　　　　　　　（c）

图 1-57　绘制窗

8. 高差线

使用直线命令,绘制厨房、卫生间、阳台处的高差线。此时,设置"细投影线"图层为当前图层,在"特性"工具栏中将其特性均设置为"ByLayer"(随层),得到任务 5 成果图,如图 1-49 所示。

9. 绘制一梯两户平面图

使用镜像(Mirror)、删除(Erase)等命令,得到图 1-56。其中,楼梯间、阳台按如下方法进行完善。

1) 完善楼梯间

(1)设置"轴线-墙线"多线样式(Mlstyle)。选择"格式(O)"→"多线样式(M)…"命令,在弹出的"多线样式"对话框里,单击"新建(N)…"按钮,如图 1-58 所示。

在弹出的"创建新的多线样式"对话框中的"新样式名(N)"文本框内输入"轴线-墙线",单击"继续"按钮,如图 1-60 所示。

图 1-58 "多线样式"对话框（一）　　　图 1-59 "多线样式"对话框（二）

(a)

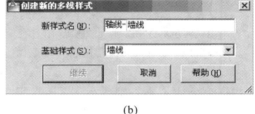

(b)

图 1-60 "创建新的多线样式"对话框

在弹出的"新建多线样式：轴线-墙线"对话框中，如图 1-61(a)所示，在"封口"选项组的"直线（L）"复选框中选中"端点"，其设置如图 1-61(b)所示。单击"图元（E）"选项组中的"添加（A）"按钮，出现第三个图元，并按图 1-61(b)所示设置其颜色和线型。单击"确定"按钮，回到"多线样式"对话框，如图 1-59 所示，依次单击"置为当前（U）""确定"按钮，回到绘图界面。

(a)　　　　　　　　　　　　　　(b)

图 1-61 "新建多线样式：轴线-墙线"对话框

（2）绘制墙体。按"设置状态栏"中的方法设置状态栏；设置当前图层为"粗投影线"图层；在"特性"工具栏中设置颜色为 ■ ByLayer、线型为——ByLayer、线宽为——ByLayer。选择"绘图（D）"→"多线（U）"命令，根据命令行提示，进行如下操作。

命令:_mline

当前设置:对正 = 无,比例 = 2.40,样式 = 轴线-墙线

指定起点或[对正(J)/比例(S)/样式(ST)]://单击端点,如图1-62(a)所示

指定下一点:3.8 //输入3.8,十字光标放在端点上方,如图1-62(b)所示,按回车键

指定下一点或[放弃(U)]:7.5 //输入7.5,十字光标放在上一端点右方,如图1-62(c)所示,按回车键

指定下一点或[闭合(C)/放弃(U)]://按回车键,放弃选择,结束操作,得到图1-62(d)

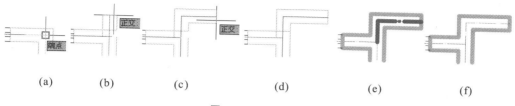

(a)　　(b)　　(c)　　(d)　　(e)　　(f)

图1-62　绘制墙体

使用分解、圆角命令得到图1-62(e)所示的显示线宽的效果图。单击"特性匹配"按钮，修改所绘制轴线图层为"中心线"图层特性。图1-62(f)所示为显示线宽的效果图。

使用上述方法,绘制楼梯间另一堵外纵墙,得到图1-63(a)。

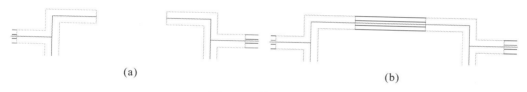

(a)　　　　　(b)

图1-63　绘制楼梯间

（3）绘制楼梯间窗。按图1-64所示设置"窗"的多线样式,并设置其为当前图层。其他步骤同上述"轴线-墙线"的设置。

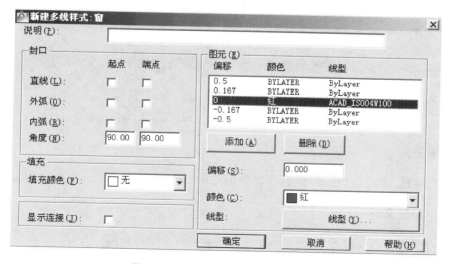

图1-64　"新建多线样式:窗"对话框

按"设置状态栏"中的方法设置状态栏;设置当前图层为"细投影线"图层;在"特性"工具栏中设置颜色为■ByLayer、线型为——ByLayer、线宽为——ByLayer。

选择"绘图(D)"→"多线(U)"命令,根据命令行提示,进行如下操作。

> 命令:_mline
>
> 当前设置:对正 = 无,比例 = 2.40,样式 = 窗
>
> 指定起点或[对正(J)/比例(S)/样式(ST)]://单击端点,如图 1-63(a)所示的左纵墙轴线右端点
>
> 指定下一点://单击端点,如图 1-63(a)所示的右纵墙轴线左端点,按回车键
>
> 指定下一点或[放弃(U)]://按回车键,放弃选择,结束操作,得到图 1-63(b)

2)绘制阳台

(1)绘制分户墙。设置当前图层为"粗投影线"图层;在"特性"工具栏中设置颜色为■ByLayer、线型为——ByLayer、线宽为——ByLayer,使用多线命令绘制分户墙。此时,命令行中多线的设置为"当前设置:对正=无,比例=2.40,样式=轴线-墙线",使用分解、圆角、特性匹配等命令进行修改、完善,得到图 1-65(a)所示的分户墙。

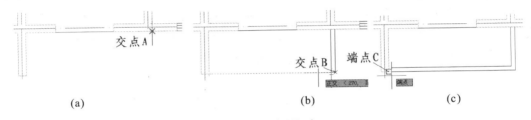

(a) (b) (c)

图 1-65 绘制阳台

(2)绘制阳台栏板。设置当前图层为"细投影线"图层;在"特性"工具栏中设置颜色为■ByLayer、线型为——ByLayer、线宽为——ByLayer,使用多线命令绘制。此时,命令行中多线的设置为"当前设置:对正 = 上,比例 = 1.20,样式=墙线"。选择"绘图(D)"→"多线(U)"命令,根据命令行提示,进行如下操作。可得到右户阳台栏板。使用镜像命令,可得到左户阳台栏板,如图 1-56 所示。

> 命令:_mline
>
> 当前设置:对正 = 上,比例 = 1.20,样式 = 墙线
>
> 指定起点或[对正(J)/比例(S)/样式(ST)]://单击 A 点,如图 1-65(a)所示
>
> 指定下一点://单击 B 点,如图 1-65(b)所示
>
> 指定下一点或[放弃(U)]://单击 C 点,如图 1-65(c)所示
>
> 指定下一点或[闭合(C)/放弃(U)]://按回车键,放弃选择,结束操作,得到右户阳台栏板

10. 效果显示

在状态栏中选中"线宽"按钮,此时将得到图 1-66 所示的房屋显示线宽的平面图。

11. 保存图形文件

单击"保存"按钮💾,保存文件。单击界面右上角的关闭按钮 ☒,退出 AutoCAD 界面。

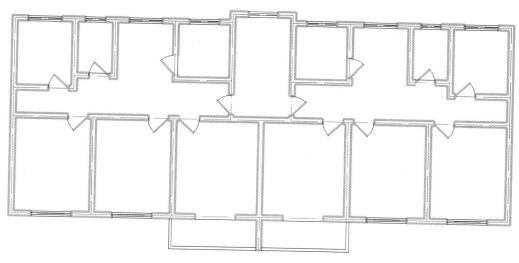

图 1-66　显示线宽的平面图

任务 7　绘制某住宅楼的屋顶平面图

一、实训任务

绘制某住宅楼的屋顶平面图(无文本、无尺寸标注),如图 1-67 所示。

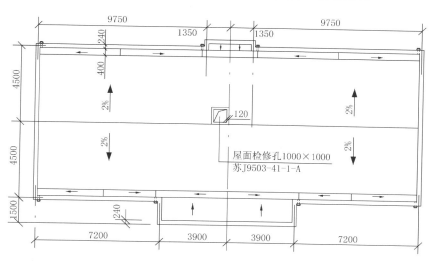

图 1-67　绘制某住宅楼的屋顶平面图

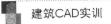

二、专业能力

绘制建筑屋顶平面图(无文本、无标注)的能力,以及对此进行文件管理的能力。

三、CAD知识点

绘图命令:正多边形(Polygon)、多线(Mline)。
修改命令:缩放(Scale)。
菜单栏:格式(多线样式)。

四、实训指导

1. 建立图形文件

建立"实训 1-任务 7.dwg"图形文件。具体可参考"实训 1-任务 2.dwg"图形文件的建立方法。

2. 建立图层

此时图形文件的图层已经建立,根据表 1-2 所示图层的要求,对现有图层进行删补,即增加了"虚线"图层,取消了"中心线"图层和"粗投影线"图层。

表 1-2　图层设置

名　　称	颜　　色	线　　型	线　　宽	备　　注
细投影线	白色□	Continuous(实线)	0.2mm	
虚线	青色	ACAD_IS002W100(虚线)	0.2mm	
其他	蓝色	Continuous(实线)	0.2mm	

3. 设置状态栏

设置"对象捕捉"。启用对象捕捉模式中的"端点（E）"□ ☑端点(E)、"中点（M）" △ ☑中点(M)、"延长线（X）" ☑延长线(X)。启用状态栏中的"正交(Ortho)" 功能和"对象捕捉" 功能。

4. 绘制墙线

设置当前图层为"细投影线"图层;在"特性"工具栏中设置颜色为 ByLayer、线型为——ByLayer、线宽为——ByLayer,使用多线命令绘制,绘图比例为 1∶100。此时,命令行中多线的设置为"当前设置:对正＝上,比例＝2.40,样式＝墙线"。选择"绘图(D)"→"多线(U)"命令,根据命令行提示,进行如下操作,得到图 1-68 所示。

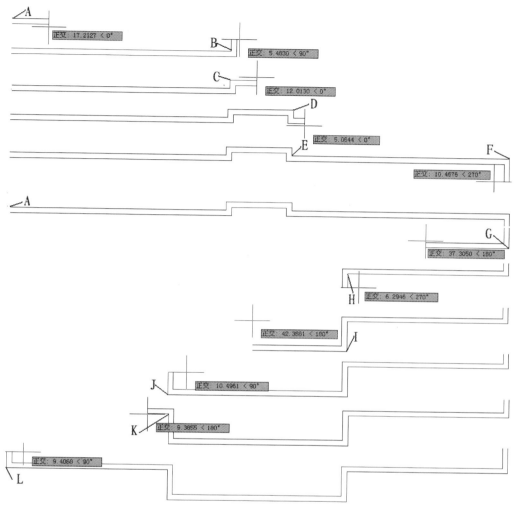

图 1-68 绘制墙线

命令：_mline

当前设置：对正 = 上，比例 = 2.40，样式 = 墙线

指定起点或［对正(J)/比例(S)/样式(ST)］：//单击界面合适的任一点 A，如图 1-68 所示

指定下一点：97.5 //输入 97.5，十字光标放在 A 点右方，如图 1-68 所示，按回车键，得到点 B

指定下一点或［放弃(U)］：3.8 //输入 3.8，十字光标放在 B 点上方，如图 1-68 所示，按回车键，得到
点 C

指定下一点或［闭合(C)/放弃(U)］：29.4 //输入 29.4，十字光标放在 C 点右方，如图 1-68 所示，按
回车键，得到点 D

指定下一点或［闭合(C)/放弃(U)］：3.8 //输入 3.8，十字光标放在 D 点下方，如图 1-68 所示，按回
车键，得到点 E

指定下一点或［闭合(C)/放弃(U)］：97.5 //输入 97.5，十字光标放在 E 点右方，如图 1-68 所示，按
回车键，得到点 F

指定下一点或[闭合(C)/放弃(U)]：92.4 //输入 92.4,十字光标放在 F 点下方,如图 1-68 所示,按回车键,得到点 G

指定下一点或[闭合(C)/放弃(U)]：72 //输入 72,十字光标放在 G 点左方,如图 1-68 所示,按回车键,得到点 H

指定下一点或[闭合(C)/放弃(U)]：13.8 //输入 13.8,十字光标放在 H 点下方,如图 1-68 所示,按回车键,得到点 I

指定下一点或[闭合(C)/放弃(U)]：80.4 //输入 80.4,十字光标放在 I 点左方,如图 1-68 所示,按回车键,得到点 J

指定下一点或[闭合(C)/放弃(U)]：13.8 //输入 13.8,十字光标放在 J 点上方,如图 1-68 所示,按回车键,得到点 K

指定下一点或[闭合(C)/放弃(U)]：72 //输入 72,十字光标放在 K 点左方,如图 1-68 所示,按回车键,得到点 L

指定下一点或[闭合(C)/放弃(U)]：C //输入 C,按回车键结束命令,与起点 A 闭合,如图 1-69 所示的女儿墙线

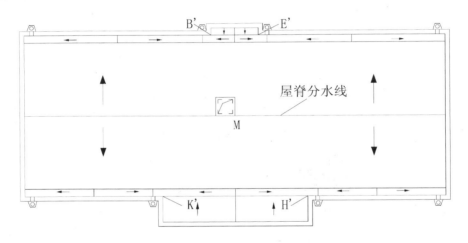

图 1-69　绘制楼顶平面图

5. 绘制檐沟

设置当前图层为"细投影线"图层;在"特性"工具栏中设置颜色为 ▓ ByLayer、线型为——ByLayer、线宽为——ByLayer。使用多线命令绘制,绘图比例为 1：100。此时,命令行中多线的设置为"当前设置:对正＝上,比例＝4.00,样式＝墙线"。选择"绘图(D)"→"多线(U)"命令,根据命令行提示,进行如下操作。

命令：_mline
当前设置：对正 ＝ 上,比例 ＝ 4.00,样式 ＝ 墙线
指定起点或[对正(J)/比例(S)/样式(ST)]：//单击点 B′,如图 1-69 所示
指定下一点：//单击点 E′,如图 1-69 所示
指定下一点或[闭合(C)/放弃(U)]：//按回车键,结束命令操作

运用分解命令,分解上述 B′E′平行线,再使用延伸命令,将下行平行线延伸至山墙女儿墙内墙线,如图 1-69 所示。

同理,绘制途经 K′H′的檐沟。此时,命令行中多线的设置同上,即为"当前设置:对正=上,比例=4.00,样式=墙线",起点、终点分别为点 H′和点 K′。

6. 绘制屋脊分水线

图层设置同"绘制檐沟",使用直线命令绘制,起点为左山墙女儿墙内墙线中点,终点为右山墙女儿墙内墙线中点,如图 1-69 所示。

7. 绘制屋面上人检修口

1) 绘制上人检修口外框线

图层设置同"绘制檐沟",单击"绘图"工具栏中的"正多边"按钮 。根据命令行提示按下述步骤进行操作。

> 命令:_polygon
>
> 输入侧面数 <4> ://按回车键,默认边的数目为 4
>
> 指定正多边形的中心点或[边(E)]://按回车键,默认选择边
>
> 指定边的第一个端点://单击点 M(屋脊分水线的中点),如图 1-69 所示
>
> 指定边的第一个端点:指定边的第二个端点:10 //输入 10,十字光标放在 M 点上方,按回车键结束命令,得到上人检修口的外框线,如图 1-69 所示

2) 绘制上人检修口内框线

设置当前图层为"虚线"图层;在"特性"工具栏中设置颜色为 ■ ByLayer、线型为—— ByLayer、线宽为——ByLayer。单击"修改"工具栏中的"偏移"按钮 ,根据命令行提示按下述步骤进行操作,得到图 1-69 所示的上人检修口内框线。

> 命令:_offset
>
> 当前设置:删除源= 否 图层= 源 OFFSETGAPTYPE= 0
>
> 指定偏移距离或[通过(T)/删除(E)/图层(L)]<1.2000>:L //输入 L,按回车键
>
> 输入偏移对象的图层选项[当前(C)/源(S)]<源>:C //输入 c,按回车键
>
> 指定偏移距离或[通过(T)/删除(E)/图层(L)]<1.2000>://按回车键,选择默认偏移距离 1.2
>
> 选择要偏移的对象,或[退出(E)/放弃(U)]<退出>://单击上人检修口外框线上的任一点
>
> 指定要偏移的那一侧上的点,或[退出(E)/多个(M)/放弃(U)]<退出>://单击上人检修口外框线内任一点
>
> 选择要偏移的对象,或[退出(E)/放弃(U)]<退出>://按回车键结束命令操作,得到上人检修口内框线

3) 绘制上人检修口示意图标

图层设置同"绘制檐沟",使用直线命令绘制,如图 1-69 所示。

8. 完善

设置当前图层为"细投影线"图层;在"特性"工具栏中设置颜色为 ■ ByLayer、线型为——ByLayer、线宽为——ByLayer。使用直线命令绘制檐沟高差线;使用多段线(Pline)命令,绘制水流箭头;使用直线、圆、移动、镜像等命令绘制室外落水口,如图 1-69 所示。

设置当前图层为"虚线"图层;在"特性"工具栏中设置颜色为 ■ ByLayer、线型为——ByLayer、线宽为——ByLayer。使用多线命令绘制女儿墙内预埋排水管,如图 1-69 所示。

9. 恢复制图要求比例

使用缩放(Scale)命令,对图 1-69 进行缩放,缩放比例为 0.5,得到图 1-70。

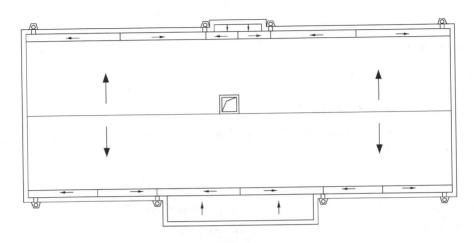

图 1-70　对图 1-69 进行缩放

10. 保存图形文件

单击"保存"按钮 💾 ,保存文件。单击界面右上角的关闭按钮 ⌧ ,退出 AutoCAD 界面。

实 训 2

建筑平面施工图的绘制

学习目标

☆ **项目任务**

运用图层、图块绘制某住宅楼建筑平面施工图(详见各个任务成果,或配套教材《建筑CAD》中附录A)。

☆ **专业能力**

绘制建筑平面施工图的能力,以及对此进行文件管理的能力。

☆ **CAD 知识点**

绘图命令:多线(Mutiline)、圆(Circle)、多段线(Pline)、正多边形(Polygon)、创建块(Make Block)、插入块(Insert Block)、属性块(Wblock)、多行文字(Mtext)。

标　　准:特性(Properties)、特性匹配(′Matchprop)。

菜 单 栏:标注。

工 具 栏:图层、标注、样式。

菜 单 栏:格式,包括文字样式(Style)、标注样式(Dimstyle)。

任务 1 绘制房屋标准层平面建筑施工图

一、实训任务

绘制某住宅楼标准层平面建筑施工图，如图2-1所示。图层按表2-1中的要求进行设置。

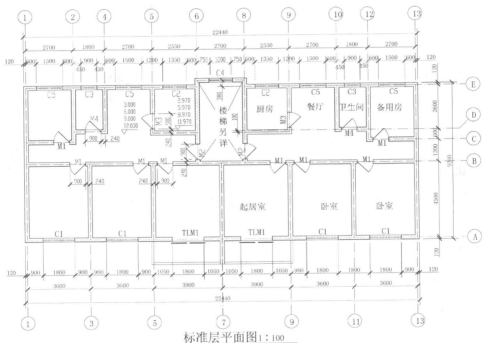

标准层平面图1∶100

注：未标注的墙体厚度皆为240mm，轴线居中，卫生间、阳台标高同厨房

图 2-1 某住宅楼标准层平面图

表 2-1 图层设置

名 称	颜 色	线 型	线 宽	备 注
中心线	红色■	ACAD_IS004W100（点画线）	0.2mm	
细投影线	白色□	Continuous（实线）	0.2mm	
粗投影线	绿色■	Continuous（实线）	0.6mm	被剖切到的轮廓线
其他	蓝色■	Continuous（实线）	0.2mm	根据需要设置
文本尺寸	白色□	Continuous（实线）	0.2mm	

续表

名　　称	颜　　色	线　　型	线　　宽	备　　注
辅助线	洋红 ■	Continuous(实线)	0.2mm	
虚线	青色 ■	ACAD_IS02W100(虚线)	0.2mm	根据需要设置

二、专业能力

在建筑平面图的基础上,标注、编辑建筑平面图文本、尺寸的能力,以及对此进行文件管理的能力。

三、CAD 知识点

绘图命令:圆(Circle)、正多边形(Polygon)、多行文字(Mtext)、多段线(Pline)。

工具栏:标注样式、文本样式。

标准:对象特性(Properties)、特性匹配('matchprop)。

菜单栏:格式,包括文字样式(Style)和标注样式(Dimstyle),标注。

四、实训指导

1. 建立图形文件

建立"实训 2-任务 1.dwg"图形文件。

打开"实训 1-任务 6.dwg"图形文件,另存为"实训 2-任务 1.dwg"。具体可参考"实训 1-任务 2.dwg"图形文件的建立方法。

原有图形保留,即完成某住宅标准层平面图的绘制。如图 2-1 所示的墙体、轴线、门窗部分。

2. 建立图层

此时图形文件的图层已经建立,同"实训 1-任务 6.dwg"的图层。根据表 2-1 所示的图层要求,相比较现有图层,增加"文本尺寸""辅助线""虚线"等图层。使用图层特性管理器,对现有图层进行增补和修改。并设置"文本尺寸"图层为当前图层。

3. 设置状态栏

设置"对象捕捉"。启用对象捕捉模式中的"端点（E）" ☑端点(E)、"中点（M）" ☑中点(M)、"延长线（X）" ☑延长线(X)。启用状态栏中的"正交(Ortho)" 功能和"对象捕捉" 功能。

4. 标注与编辑文本

1）创建文字样式

单击"样式"工具栏中的"文字样式…"按钮 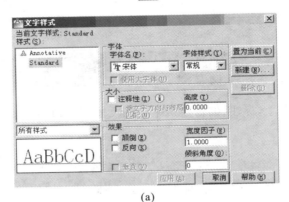，弹出"文字样式"对话框，如图2-2(a)所示。

(a)

(b)

(c)

图2-2 "文字样式"对话框

单击"新建(N)…"按钮，弹出"新建文字样式"对话框，如图2-3(a)所示。在"样式名"文本框中输入"建筑制图"，如图2-3(b)所示。单击"确定"按钮，回到"文字样式"对话框，按图2-2(b)所示修改相应文本框。单击"置为当前(C)"按钮，如图2-3(c)所示。单击"应用(A)"按钮，回到绘图界面，在"样式"工具栏中的"文字样式…"下拉列表中将出现"建筑制图"样式名，如图2-3(d)所示。

依照上述新建"建筑制图"文字样式的方法、步骤，建立"建筑数字"文字样式，并按照图2-2(c)所示设置其文字样式。

2）标注和编辑厨房功能区文本

(1) 功能区名称编辑。标注厨房功能区名称。单击"绘图"工具栏中的"多行文字…"按钮 ▲。具体操作可根据命令行提示进行。

> 命令：_mtext 当前文字样式："建筑制图" 文字高度：3.5 注释性：否
>
> 指定第一角点：//单击功能区内合适的任一点A，如图2-4(a)所示
>
> 指定对角点或[高度(H)/对正(J)/行距(L)/旋转(R)/样式(S)/宽度(W)/栏(C)]：//单击功能区内合适的任一点B，如图2-4(b)所示

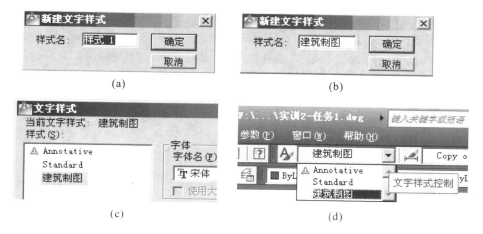

图 2-3　创建文字样式

此时将弹出"文字格式"对话框,如图 2-4(e)所示。在文本框中输入"厨房",如图 2-4(e)所示。单击"文字格式"对话框中的"确定"按钮,回到绘图界面,得到图 2-4(c)。

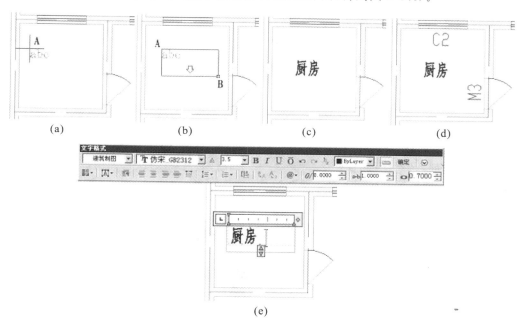

图 2-4　编辑功能区文本

(2)功能区"C2"编辑。单击"绘图"工具栏中的"多行文字…"按钮 **A**。根据命令行提示,进行如下操作。

　　命令:_mtext 当前文字样式:"建筑数字"　文字高度:2.5　注释性:否
　　指定第一角点://单击功能区内合适的任一点
　　指定对角点或[高度(H)/对正(J)/行距(L)/旋转(R)/样式(S)/宽度(W)/栏(C)]:h //输入 h,按回车键
　　指定高度 <2.5> :3.5 //输入 3.5,按回车键
　　指定对角点或[高度(H)/对正(J)/行距(L)/旋转(R)/样式(S)/宽度(W)/栏(C)]://单击功能区内合适的任一点

此时,在弹出的"文字格式"对话框中的文本框中输入"C2"后,单击"文字格式"对话框中的"确定"按钮,回到绘图界面,得到图2-4(d)中的"C2"。

(3) 功能区"M3"编辑。单击"绘图"工具栏中的"多行文字…"按钮 **A**。根据命令行提示进行如下操作。

```
命令: _mtext 当前文字样式: "建筑数字" 文字高度: 2.5 注释性: 否
指定第一角点: //单击功能区内合适的任一点,如图2-4(a)所示
指定对角点或[高度(H)/对正(J)/行距(L)/旋转(R)/样式(S)/宽度(W)/栏(C)]: h //输入 h,按回
车键
指定高度 <2.5> : 3.5 //输入 3.5,按回车键
指定对角点或[高度(H)/对正(J)/行距(L)/旋转(R)/样式(S)/宽度(W)/栏(C)]: r //输入 r,按回
车键
指定旋转角度 <0> : 90 //输入 90,按回车键
指定对角点或[高度(H)/对正(J)/行距(L)/旋转(R)/样式(S)/宽度(W)/栏(C)]: //单击功能区内
合适的任一点
```

此时,在弹出的"文字格式"对话框中的文本框中输入"M3"后,单击"文字格式"对话框中的"确定"按钮,回到绘图界面,可得到图2-4(d)中的"M3"。

3)标注编辑其他功能区文本

依次编辑厨房功能区的相应文本,编辑卫生间、卧室、起居室、餐厅、备用房等其他功能区的相应文本。得到图2-1中的功能区文本。

5. 标注与编辑尺寸

1) 创建标注样式

(1) 创建"建筑制图(1-100)"标注样式。单击"样式"工具栏中的"标注样式…"按钮 。弹出"标注样式管理器"对话框,如图2-5所示。单击"新建(N)…"按钮,弹出如图2-6所示的"创建新标注样式"对话框,并按图2-6所示进行设置。单击"继续"按钮,弹出"新建标注样式:建筑制图(1-100)"对话框,如图2-7(a)所示。

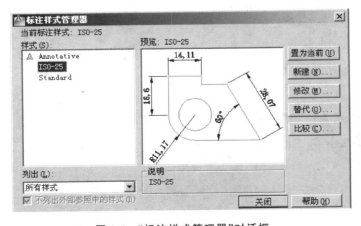

图2-5 "标注样式管理器"对话框

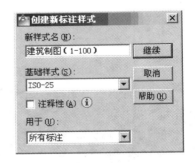

图2-6 "创建新标注样式"对话框

按照图2-7(a)所示设置"线"选项卡。

按照图2-8所示设置"符号和箭头"选项卡。

按照图 2-9 所示设置"文字"选项卡。

按照图 2-10 所示设置"调整"选项卡。

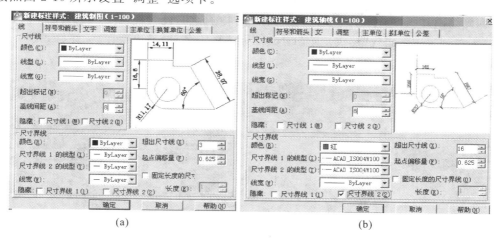

(a)   (b)

图 2-7   新建标注样式对话框

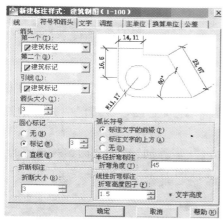

图 2-8   设置"符号和箭头"选项卡   图 2-9   设置"文字"选项卡

图 2-10   设置"调整"选项卡   图 2-11   设置"主单位"选项卡

按照图 2-11 所示设置"主单位"选项卡,单击"确定"按钮,回到"标注样式管理器"对话框,如图 2-12(a)所示,在"样式(S)"栏中选中"建筑制图(1-100)",依次单击"置为当前(U)"、"关闭"按钮,即可回到绘图界面,进行 1:100 比列的图形尺寸的标注,此时在"样式"工具栏中的"标注样式(S)…"下拉列表中将出现"建筑制图(1-100)"标注样式名,并且出现在"标注样式(S)…"文本框里,如图 2-12(b)所示。

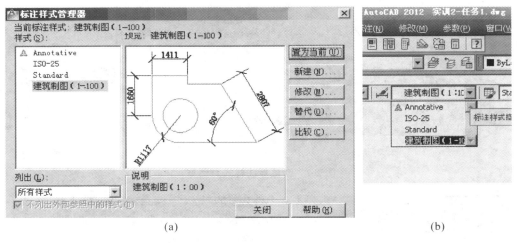

(a)   (b)

图 2-12　加入"建筑制图(1-100)"标注样式

(2) 创建"建筑轴线(1-100)"标注样式。其方法、步骤同"建筑制图(1-100)"的设置。其"线"选卡的设置如图 2-7(b)所示,其他选项卡的设置同"建筑制图(1-100)"中相应的选项卡设置。

(3) 创建"建筑轴线(1-100)无-无"标注样式。其方法、步骤同"建筑制图(1-100)"的设置。其"线"选项卡设置中,在"隐藏"项中选中"尺寸界线 1(1)"和"尺寸界线 2(2)"复选框,即 隐藏: ☑ 尺寸界线1(1) ☑ 尺寸界线2(2)。

2) 标注并编辑北外纵墙 3 道尺寸线

设置当前图层为"文本尺寸"图层;在"特性"工具栏中设置颜色为 ■ ByLayer、线型为——ByLayer、线宽为——ByLayer。

(1) 标注基线。设置"建筑制图(1-100)"尺寸标注样式为当前尺寸标注样式。单击"标注"工具栏中的"线性"按钮 ⊞。按命令行提示进行如下操作,可得到图 2-13(c)所示的尺寸标注。

　　　命令:_dimlinear
　　　指定第一个尺寸界线原点或 <选择对象>://单击纵、横外墙外墙线左交点,如图 2-13(a)所示的端点
　　　指定第二条尺寸界线原点://单击纵、横外墙轴线交点,如图 2-13(b)所示的端点
　　　指定尺寸线位置或
　　　[多行文字(M)/文字(T)/角度(A)/水平(H)/垂直(V)/旋转(R)]://单击设定尺寸线左侧一点,如图 2-13(c)所示的十字光标位置
　　　标注文字 = 120 //界面上显示如图 2-13(d)所示的 120 尺寸标注

单击"标注"工具栏中的"基线"按钮 ⊟,按命令行提示进行如下操作。

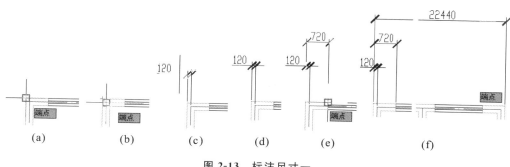

图2-13 标注尺寸一

命令：_dimbaseline
指定第二条尺寸界线原点或［放弃(U)/选择(S)］<选择>：//单击左窗框线上端点，如图2-13(e)所示

标注文字 = 720 //界面上显示如图2-13(f)所示的720尺寸标注
指定第二条尺寸界线原点或［放弃(U)/选择(S)］<选择>：//单击纵、横外墙外墙线右交点，如图2-13(f)所示

标注文字 = 22440 //界面上显示如图2-14所示的22440尺寸标注
指定第二条尺寸界线原点或［放弃(U)/选择(S)］<选择>：//按回车键，结束命令操作

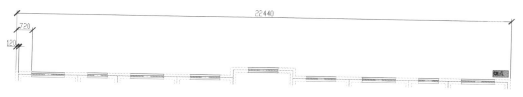

图2-14 标注尺寸二

（2）标注第二道尺寸线。设置"建筑轴线(1-100)"尺寸标注样式为当前尺寸标注。单击"标注"工具栏中的"线性"按钮 ，按命令行提示进行如下操作。

命令：_dimlinear
指定第一个尺寸界线原点或 <选择对象>：//单击纵、横外墙轴线左交点，如图2-15(a)所示
指定第二条尺寸界线原点：//单击左起第二条垂直轴线和外纵墙轴线的交点，如图2-15(a)所示
指定尺寸线位置或
［多行文字(M)/文字(T)/角度(A)/水平(H)/垂直(V)/旋转(R)］：//十字光标放在合适的位置单击，如图2-15(a)所示

标注文字 = 2700 //界面上显示如图2-15(b)所示的2700尺寸标注

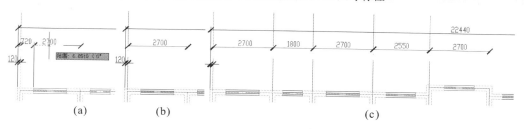

图2-15 标注尺寸三

单击"标注"工具栏中的"连续"按钮 ，按命令行提示进行如下操作。

```
命令：_dimcontinue
指定第二条尺寸界线原点或［放弃(U)/选择(S)］<选择>：//单击左起第三根垂直轴线上的端点
标注文字 = 1800 //界面上显示如图2-15(c)所示的1800尺寸标注
指定第二条尺寸界线原点或［放弃(U)/选择(S)］<选择>：//单击左起第四根垂直轴线上的端点
标注文字 = 2700 //界面上显示如图2-15(c)所示的2700尺寸标注
指定第二条尺寸界线原点或［放弃(U)/选择(S)］<选择>：//单击左起第五根垂直轴线上的端点
标注文字 = 2550 //界面上显示如图2-15(c)所示的2550尺寸标注
指定第二条尺寸界线原点或［放弃(U)/选择(S)］<选择>：//单击左起第六根垂直轴线上的端点
标注文字 = 2700 //界面上显示如图2-15(c)所示的2700尺寸标注
指定第二条尺寸界线原点或［放弃(U)/选择(S)］<选择>：//按回车键,结束命令操作
选择连续标注：//按回车键,结束命令操作,得到图2-15(c)
```

使用镜像命令，对图2-15(c)中部分标注进行镜像复制，镜像对象为图2-16中的虚线部分，镜像的第一点、第二点选择楼梯间室外、室内窗台线的中点，如图2-16所示，得到图2-17。

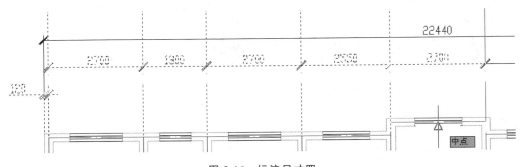

图2-16 标注尺寸四

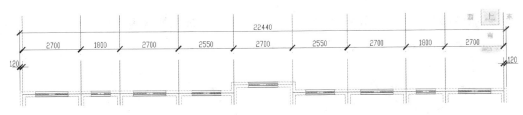

图2-17 标注尺寸五

（3）标注第一道尺寸线。设置"建筑制图(1-100)"尺寸标注样式为当前尺寸标注样式。单击"标注"工具栏中的"线性"按钮 ，标注左起第一个窗洞的尺寸。其中，第一、第二界线原点分别为该外窗台线的左、右端点，尺寸线位置选择在其左"120"尺寸线的延长线上的相应位置，如图2-18(a)所示，同理得到图2-18(b)。

设置"建筑制图(1-100)无-无"尺寸标注样式为当前尺寸标注样式。单击"标注"工具栏中的"线性"按钮 ，标注图2-18(b)中的窗间墙尺寸线。其中，尺寸线的位置选择在其左尺寸线的延长线上的相应位置，得到图2-19。

使用镜像命令，对图2-19中部分尺寸标注进行镜像，镜像对象为图2-20中所示的虚线部分。镜像的第一点、第二点选择楼梯间室外、室内窗台线的中点，如图2-20所示，得到图2-21。

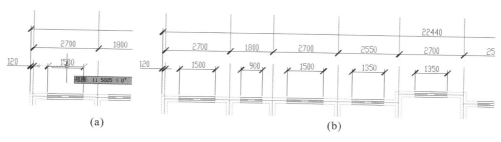

图 2-18　标注尺寸六

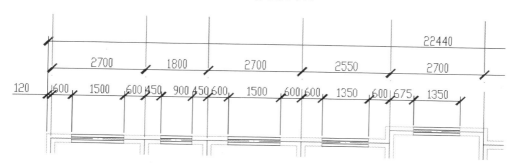

图 2-19　标注尺寸七

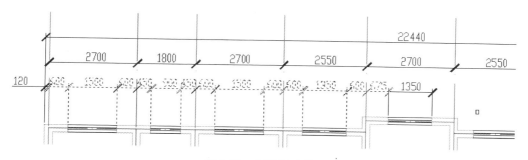

图 2-20　标注尺寸八

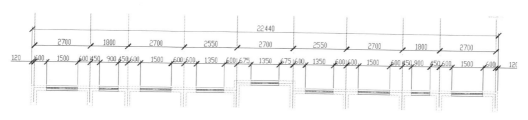

图 2-21　标注尺寸九

（4）绘制轴线标号。单击"绘图"工具栏中的"圆"按钮，按命令行提示进行如下操作。

命令：_circle 指定圆的圆心或［三点(3P)/两点(2P)/切点、切点、半径(T)］：2p ∥输入 2P，按回车键

指定圆直径的第一个端点：∥单击轴线(尺寸界线)端点，如图 2-22(a)所示

指定圆直径的第二个端点：<正交 开> 8 ∥输入 8，十字光标捕捉尺寸界线的延长线与该圆的交点，如图 2-22(a)，按回车键，得到图 2-22(b)中所示的圆

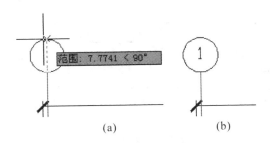

图 2-22　绘制轴线标号

使用多行文字命令,选择"建筑数字"文字样式,编辑文本"1",得到图 2-22(b)。

按照上述方法,可以得到其他轴线标号,如图 2-1 所示。

3)标注并编辑南外纵墙 3 道尺寸线

其方法、步骤同"2)标注编辑北外纵墙 3 道尺寸线",得如图 2-1 所示的南外纵墙 3 道尺寸线。

4)标注编辑东山墙 2 道尺寸线

其方法、步骤同"2)标注编辑北外纵墙 3 道尺寸线"中相应的 2 道尺寸线,得如图 2-1 所示的东山墙 2 道尺寸线。

5)标注编辑内墙门窗尺寸线

设置"建筑制图(1-100)"尺寸标注样式为当前尺寸标注样式。

(1)单击"标注"工具栏中的"线性"按钮 ┠┅┨,标注左户各种类型的门的尺寸,如图 2-23 所示。

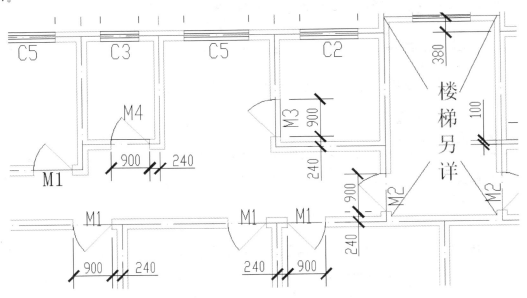

图 2-23　标注左户各类型门的尺寸

(2)编辑卫生间 M4 的尺寸线。选中 M4 定位尺寸线"240",单击"标注"工具栏中的"特性"

按钮 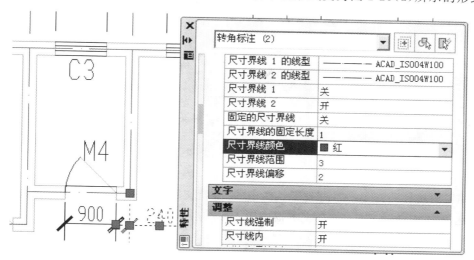。弹出"特性"对话框。按如图 2-24 所示修改"特性"对话框。关闭如图 2-24 所示的对话框后,M4 定位尺寸线"240"由原来的图 2-25(a)所示的形式变为图 2-25(b)所示的形式。

图 2-24 "特性"对话框

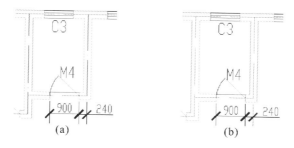

图 2-25 M4 定位尺寸线修改

(3)编辑其他尺寸线。单击"标注"工具栏中的"特性"按钮 ,根据需要编辑其他的内门窗尺寸线,如楼梯间的外墙尺寸线"380",编辑后如图 2-1 所示。

6. 标注标高

设置当前图层为"文本尺寸"图层;在"特性"工具栏中设置颜色为 ■ ByLayer、线型为——ByLayer、线宽为——ByLayer。

1)标高符号

单击"绘图"工具栏中的"正多边"按钮 ◇ 。根据命令行提示按下述步骤进行操作。

　　命令:_polygon 输入侧面数 <4> :3 //输入 3,按回车键
　　指定正多边形的中心点或 [边(E)]://输入 E,按回车键
　　指定边的第一个端点://单击界面上适宜的任一点 A
　　指定边的第一个端点:指定边的第二个端点:3 //输入 3,十字光标放在 A 点左方,在界面上出现如图 2-26(a)所示的状态,按回车键结束命令,得到图 2-26(b)所示的正三角形

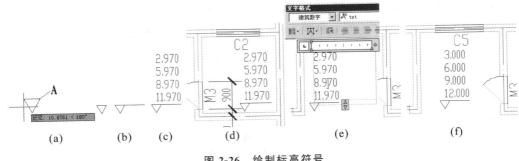

图 2-26　绘制标高符号

使用直线命令,完善正三角形,得到如图 2-26(b)所示的标高符号。

2）标高编辑

（1）编辑厨房标高。单击"绘图"工具栏中的"多行文字…"按钮 $\boxed{A}$。弹出"文字格式"对话框,选择"建筑数字"文字格式,并在文本框中输入标准层厨房的标高,再在对话框中单击"确定"按钮,回到绘图界面中,如图 2-26(c)所示。使用移动命令,将厨房标高移至左户厨房合适的位置,如图 2-26(d)所示。

（2）编辑楼层标高。使用复制命令,复制厨房标高至左户餐厅合适的位置,并双击复制标高,弹出"文字格式"对话框及文本框,如图 2-26(e)所示,对其标高的具体数据进行修改,再单击"文字格式"对话框中的"确定"按钮,回到绘图界面,得到图 2-26(f)所示的标高。

7. 完善

使用多段线命令,绘制阳台推拉门。设置当前图层为"粗投影线"图层;在"特性"工具栏中设置颜色为 ■ ByLayer、线型为——ByLayer、线宽为——ByLayer。启用状态栏中"正交（Ortho)"功能。单击"绘图"工具栏中的"多段线…"按钮 ,根据命令行提示按下述步骤进行操作。

```
命令：_pline
指定起点://选择适宜的一点
当前线宽为 0.0000
指定下一个点或〔圆弧(A)/半宽(H)/长度(L)/放弃(U)/宽度(W)〕：W //输入W,按回车键
指定起点宽度 <0.0000> : 0.4 //输入 0.4,按回车键
指定端点宽度 <0.4000> ://按回车键
指定下一个点或〔圆弧(A)/半宽(H)/长度(L)/放弃(U)/宽度(W)〕：9 //输入 9,按回车键
指定下一点或〔圆弧(A)/闭合(C)/半宽(H)/长度(L)/放弃(U)/宽度(W)〕://按回车键,结束命令操作
```

此时,在界面上出现一个带有宽度的长度为 900mm 的水平门扇,使用复制命令,复制另一扇门,并使用移动命令,将这一对门扇移至阳台合适位置,再使用镜像命令,镜像右户阳台推拉门扇,得到图 2-27。

8. 保存图形文件

单击"保存"按钮 ,保存文件。单击界面右上角的关闭按钮 ,退出 AutoCAD 界面。

图 2-27　绘制阳台推拉门

任务 **2** 快速绘制房屋标准层平面建筑施工图

一、实训任务

使用图块命令,绘制某住宅楼标准层建筑平面图施工图。如图 2-1 所示为某住宅楼标准层平面建筑施工图,其图层按表 2-2 中的要求进行设置。

二、专业能力

使用图块命令,快速绘制建筑平面施工图的能力,以及对此进行文件管理的能力。

三、CAD 知识点

绘图命令:创建块(Make Block)、插入块(Insert Block)、属性块(Wblock)。

四、实训指导

1. 建立图形文件

建立"实训 2-任务 2.dwg"图形文件。

打开"实训 2-任务 1.dwg",另存为"实训 2-任务 2.dwg"。具体可参考"实训 1-任务 2.dwg"图形文件的建立方法。

将原有图形删除。

2. 建立图层

此时,图形文件的图层已经建立,同"实训 2-任务 1.dwg"的图层。根据表 2-2 中的图层要求,相比较现有图层(见表 2-1 中的要求),增加"块"层。使用图层特性管理器,对现有图层进行增补修改。

表 2-2　图层设置

名　　称	颜　色	线　　型	线　　宽	备　　注
中心线	红色■	ACAD_IS04W100（点画线）	0.2mm	
细投影线	白色□	Continuous（实线）	0.2mm	
粗投影线	绿色■	Continuous（实线）	0.6mm	被剖切到的轮廓线
其他	蓝色■	Continuous（实线）	0.2mm	根据需要设置
文本尺寸	白色□	Continuous（实线）	0.2mm	
辅助线	洋红■	Continuous（实线）	0.2mm	
虚线	青色■	ACAD_IS02W100（虚线）	0.2mm	根据需要设置
块	白色□	Continuous（实线）	0.2mm	

3. 设置状态栏

设置"对象捕捉"。启用对象捕捉模式中的"端点（E）"□ ☑端点（E）、"中点（M）" △ ☑中点（M）、"延长线（X）"— ☑延长线（X）。启用状态栏中的"正交（Ortho）" ∟功能和"对象捕捉" □功能。

4. 绘制轴线

设置当前图层为"中心线"图层；在绘图界面上的"图层"工具栏的"图层控制"选择"中心线"图层；在"特性"工具栏中设置颜色为■ ByLayer、线型为—— · ——ByLayer、线宽为——ByLayer。使用直线（L）、复制（C）、拉伸（H）、移动（V）等命令绘制轴线，如图 2-28（a）所示。

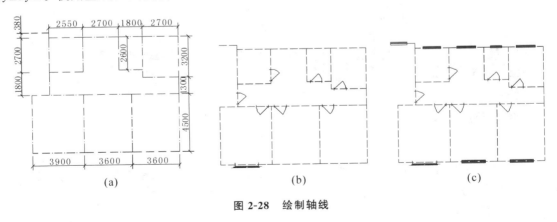

(a)　　　　　　　　　(b)　　　　　　　　　(c)

图 2-28　绘制轴线

5. 绘制门

1）绘制门模板

参考"实训 1/任务 5/四/6.绘制门/1）绘制门模板"的方法、步骤，得到门模板如图 2-29（a）

和(b)所示。

参考"实训2/任务1/四/7.完善"中绘制推拉门的方法、步骤,得到推拉门模板如图2-29(c)所示。

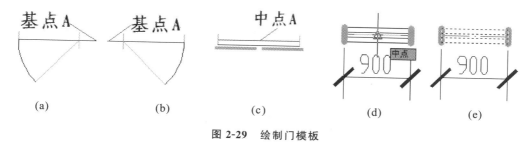

图 2-29　绘制门模板

2）创建门块

单击"绘图"工具栏中的"创建块"按钮，弹出"块定义"对话框,按如图2-30(a)所示进行设置。单击"确定"按钮,回到绘图界面,并根据命令行提示,进行如下操作。

命令:_block 指定插入基点://单击图2-29(a)中的A点

选择对象://选择图2-29(a)中门框、门扇、门的轨迹线

选择对象:找到 4 个

选择对象:按回车键,结束命令操作

按照相同的方法,创建"门-900-轴左-扇下"门块,其"块定义"对话框的设置如图2-30(b)所示。插入基点选择图2-29(b)中的基点 A;对象选择图2-29(b)中的门框、门扇、门的轨迹线。

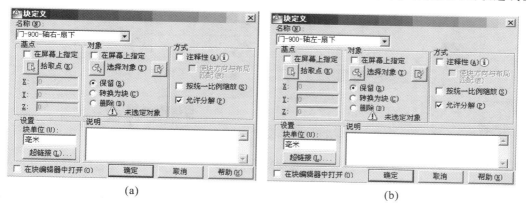

图 2-30　"块定义"对话框

按照相同的方法,创建"推拉门-1800"门块,插入基点选择图2-29(c)中的中点 A;对象选择图2-29(c)中的门框、推拉门扇、高差线。

3）插入门

设置当前图层为"块"图层;在绘图界面上的"图层"工具栏的"图层控制"选择"块"图层;在"特性"工具栏中设置颜色为■ByLayer、线型为——ByLayer、线宽为——ByLayer。

(1)起居室门。单击"绘图"工具栏中的"插入块"按钮，弹出"插入"对话框,在"名称(N)"下拉列表框中选择"门-900-轴右-扇下"图块,其他选项组按图2-31所示进行设置。单击

"确定"按钮,回到绘图界面。根据命令行提示,进行如下操作。

命令:_insert

指定插入点或 [基点(B)/比例(S)/X/Y/Z/旋转(R)]://单击图 2-32(a)中的端点(起居室)

指定旋转角度 <0> ://按回车键结束操作,得到图 2-32(b)中所示的起居室门

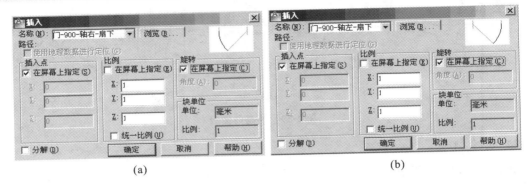

(a)   (b)

图 2-31 "插入"对话框

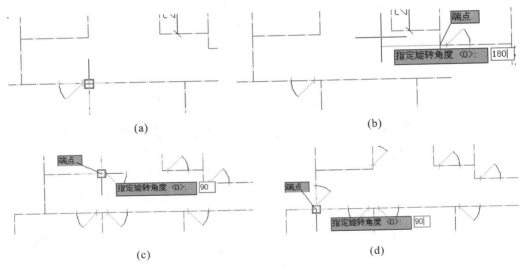

(2)备用房门。其"插入"对话框的操作同起居室,命令行操作如下。

命令:_insert

指定插入点或 [基点(B)/比例(S)/X/Y/Z/旋转(R)]://单击图 2-32(b)中的端点(备用房)

指定旋转角度 <0> :180//输入 180,按回车键结束操作,得到图 2-32(c)中的备用房门

卫生间门的操作同备用房操作。

(3)卧室门。卧室门的绘制步骤同起居室,只是其"写入"对话框应按图 1-31(b)所示进行设置。

(4)厨房门。厨房门的"写入"对话框设置同卧室,其命令行操作如下。

命令:_insert

指定插入点或 [基点(B)/比例(S)/X/Y/Z/旋转(R)]://单击图 2-32(c)中的端点(厨房)

指定旋转角度 <0> : 90 //输入 90,按回车键结束操作,得到图 2-32(d)中所示的厨房门

（5）入户门。入户门的绘制步骤同厨房门，插入点为图 2-32（d）的中的端点，旋转角度为 90°。

由此可得到右户各个功能区的门，如图 2-28（b）所示。

6. 绘制窗

1）绘制窗模板

设置当前图层为"细投影线"图层；在绘图界面上的"图层"工具栏的"图层控制"选择"细投影线"图层。参考"实训 1/任务 6/四/9. 绘制一梯两户平面图/1）完善楼梯间/（3）绘制楼梯间窗"的方法、步骤，得到窗洞为 900mm 的窗，如图 2-33（a）所示。

设置当前图层为"粗投影线"图层；在绘图界面上的"图层"工具栏的"图层控制"选择"粗投影线"图层。使用分解命令分解 900mm 窗，并使用直线命令绘制其窗框线，得到图 2-33（b）所示的 900mm 窗模板。

按上述方法，绘制 1200mm、1350mm、1500mm、1800mm 等窗模板，如图 2-33（c）所示。

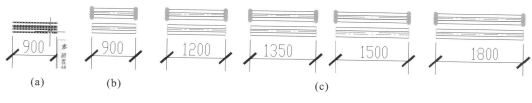

图 2-33　绘制窗模板

2）创建窗块

在命令窗口的"命令："后输入"Wblock"（或输入 W），并按回车键，弹出"写块"对话框，如图 2-34（a）所示。单击"基点"选项组中的"拾取点（K）"按钮，回到绘图界面，按命令行提示选择基点，如图 2-29（d）所示，单击轴线中点，回到"写块"对话框，在"基点"选项组的"X"和"Y"文本框中将出现坐标值，如图 2-34（b）所示；单击"对象"选项组中的"选择对象（T）"按钮，回到绘图界面，按命令行提示选择窗台线、窗扇线、窗框线等窗块图素，如图 2-29（e）所示，其中的虚线部分为所选对象，结束选择后，回到"写块"对话框，如图 2-34（b）所示。其命令行的具体操作如下所示。

WBLOCK 指定插入基点：//单击图 2-29（d）中的轴线中点，回到"写块"对话框，再单击"选择对象（T）"按钮

选择对象：//单击图 2-29（d）中除轴线以外的所有图素，如图 2-29（e）所示的虚线部分

选择对象：找到 4 个

选择对象：//继续单击图 2-29（d）中除轴线以外的所有图素，如图 2-29（e）所示

选择对象：找到 2 个，总计 6 个

选择对象：//选择完毕按回车键，回到"写块"对话框

单击"写块"对话框中的"目标"选项组中右侧的 ⬜ （浏览）按钮，如图 2-34（b）所示。在弹出的"浏览图形文件"对话框依次双击 💻 我的电脑（如图 2-35（a）所示）、 💾 用户盘（E:）（如图 2-35（b）所示）、 📁 窗（如图 2-35（c）所示）。得到图 2-35（d）所示的"浏览图形文件"对话框，并按照此对话框设置其内容，单击"保存（S）"按钮，回到"写块"对话框，得到图 2-34（b），单击"确定"按

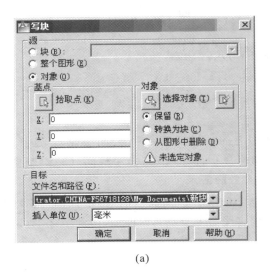
(a)

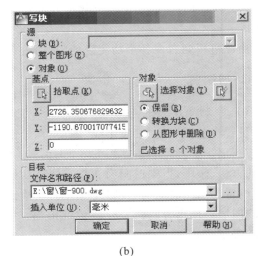
(b)

图 2-34 "写块"对话框

钮,完成"写块"操作,回到绘图界面。

此时打开 E 盘中的"窗"文件夹,可以发现"窗-900.dwg"文件保存在其中。如图 2-35(e)所示。

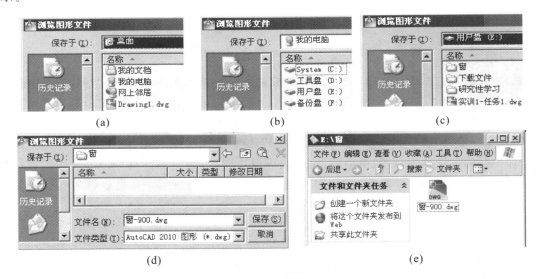

图 2-35 创建窗块

按上述方法,创建"窗-1200.dwg"、"窗-1200.dwg"、"窗-1350.dwg"、"窗-1500.dwg"、"窗-1800.dwg"等窗块并保存于 E 盘中的"窗"文件夹中。

注意:
也可以把"Block"形式转化为"Wblock"形式,在如图 2-34 中所示的"源"选项组中,选择"块(B)"单选框,直接在其右侧的下拉列表框中进行选取,再进行保存操作即可。

3）插入窗

设置当前图层为"块"图层；在绘图界面上的"图层"工具栏的"图层控制"选择"块"层；在"特性"工具栏中设置颜色为 ▓ ByLayer、线型为——ByLayer、线宽为——ByLayer。

（1）插入卫生间窗。单击"绘图"工具栏中的"插入块"按钮，弹出"插入"对话框，如图2-31所示。单击"浏览"按钮，弹出"选择图形文件"对话框，在 E 盘中的"窗"文件夹中找到"窗-900.dwg"文件并打开，回到"插入"对话框，并按如图2-36所示设置。单击"确定"按钮，回到绘图界面，根据命令行提示进行如下操作，得到图2-37(b)。

    命令：_insert
    指定插入点或［基点(B)/比例(S)/X/Y/Z/旋转(R)］：//单击图2-37(a)中的卫生间轴线中点
    指定旋转角度 <0> ：//按回车键结束操作，得到图2-37(b)中的卫生间窗

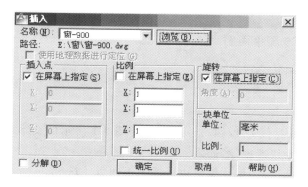

图2-36　"插入"对话框

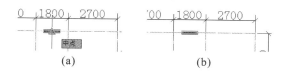

（a）　　　　　　　（b）

图2-37　绘制卫生间窗

（2）插入其他功能房窗。其方法、步骤同"（1）插入卫生间窗"，得到图2-28(c)。

7. 绘制墙线

设置当前图层为"粗投影线"图层；在"特性"工具栏中设置颜色为 ▓ ByLayer、线型为——ByLayer、线宽为——ByLayer。绘制墙体的具体步骤如下，最终得到图2-38(a)。

（1）使用"多线"命令绘制内、外墙线，并使用"分解"命令分解内、外墙线（具体可参考"实训1/任务4/四、实训指导/4.绘制图1-41(a)/2)绘制墙线"中的相关内容）。

（2）打开"图层控制"下拉列表框，关闭除"粗投影线"图层之外的所有图层，并把"粗投影线"图层设为当前图层。使用修剪、圆角等命令对墙体进行修剪、完善。操作完毕后，打开其他图层。具体可参考"实训1/任务5/四、实训指导/5.绘制墙线"中的方法、步骤。

（3）使用多线命令，绘制阳台栏板。可参考"实训1/任务6/四、实训指导/9.绘制一梯两户平面图/2)绘制阳台"中的方法、步骤。

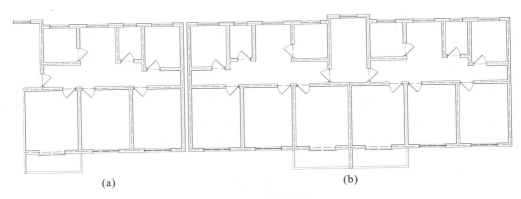

(a)   (b)

图 2-38　绘制墙线

8. 绘制一个单元标准层平面图

使用镜像命令,得到图 2-38(b)。

9. 文本、尺寸编辑

其方法、步骤同"实训 2/任务 1/四/4～6"。得到图 2-1 所示的文本、尺寸、标高等图素。其中,轴线符号可以用块命令快速创建、插入。

对于外墙 3 道(或者 2 道)的尺寸编辑也可按照下述方法进行。

1)绘制尺寸模板

绘制尺寸模块如图 2-39 所示。选取对象中,轴号、轴线符号在"文本尺寸"图层绘制,其他图素在"中心线"图层中绘制。

2)创建"定位轴线(水平)"块

运用"Block"命令(或者"Wblock 命令")创建图 2-39(a)中所示的"选择对象"为"定位轴线(水平)"块。

3)标注如图 2-1 所示 A 轴线墙尺寸

设置当前图层为"块"图层;在绘图界面上的"图层"工具栏的"图层控制"中选择"块"图层;在"特性"工具栏中设置颜色为□ByLayer、线型为——ByLayer、线宽为——ByLayer。

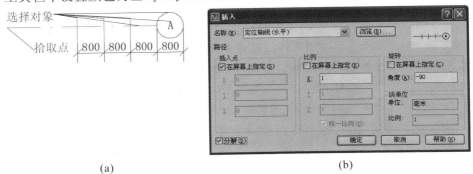

(a)   (b)

图 2-39　绘制尺寸模板

（1）单击"绘图"工具栏中的"插入块"按钮 ![插入块图标] ，弹出"插入"对话框，按图2-39（b）所示进行设置。单击"确定"按钮后，在绘图界面中插入点取外纵、横墙中心线的交点，如图2-40（a）所示。

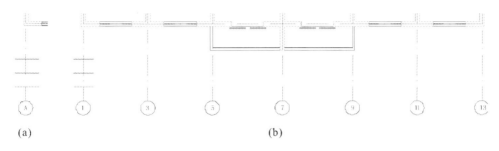

(a)   (b)

图2-40　绘制交点及轴线符号

（2）绘制轴线符号。复制图2-40（a）所示的轴线符号，并根据图2-1，对轴线进行文本编辑，得到图2-40（b）。

（3）标注A轴尺寸。设置"建筑制图（1-100）"尺寸标注样式为当前尺寸标注样式。

单击"标注"工具栏中的"线性"按钮 ![线性标注图标] ，标注如图2-41所示的尺寸。当轴线符号中的中心线作为尺寸界线时，尺寸界线的起始点应选择在尺寸线与轴线符号中心线的交点处。

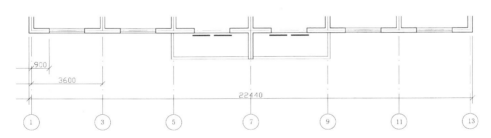

图2-41　标注尺寸一

① 标注第一道尺寸线。单击"标注"工具栏中的"连续"按钮 ![连续标注图标] ，标注如图2-42所示的尺寸。当轴线符号中的中心线作为尺寸界线时，尺寸界线的起始点应选择在尺寸线与轴线符号中心线的交点处。

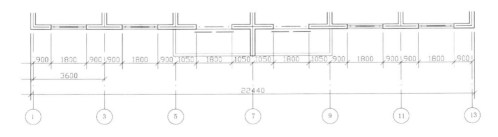

图2-42　标注尺寸二

② 标注第二道尺寸线。单击"标注"工具栏中的"连续"按钮 ![连续标注图标] ，标注如图2-43所示的尺

寸。尺寸界线的起始点应选择在尺寸线与轴线符号中心线的交点处。

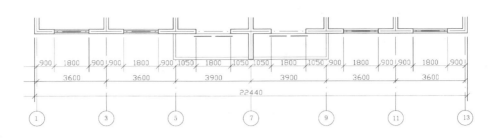

图 2-43　标注尺寸三

③ 完善。删除轴线符号中的基线,利用"线性标注"在第一道尺寸线上标注墙体厚度尺寸,如图 2-1 所示。

（3）标注 E 轴、13 轴尺寸。其方法、步骤同"（3）标注 A 轴尺寸",如图 2-1 所示。

10. 保存图形文件

单击"保存"按钮 ，保存文件。单击界面右上角的关闭按钮 ，退出 AutoCAD 界面。

任务 3　绘制房屋一层平面建筑施工图

一、实训任务

运用所学知识,绘制某住宅楼一层建筑平面图施工图,如图 2-44 所示。其图层按表 2-3 的要求进行设置。

二、专业能力

熟练绘制建筑平面施工图的能力,以及对此进行文件管理的能力。

三、CAD 知识点

绘图命令:多段线（Pline）。

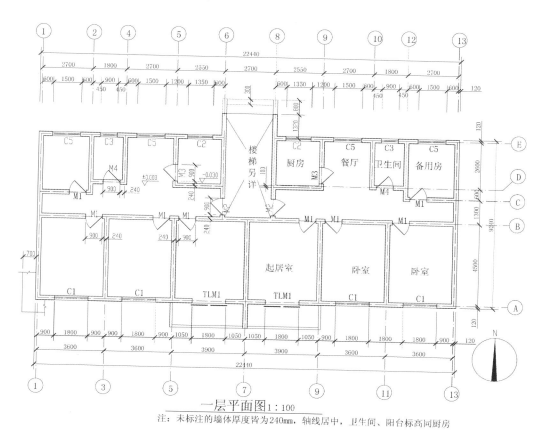

一层平面图1:100

注：未标注的墙体厚度皆为240mm，轴线居中，卫生间、阳台标高同厨房

图 2-44　某住宅楼一层建筑平面施工图

四、实训指导

1. 建立图形文件

建立"实训 2-任务 3.dwg"图形文件。

打开"实训 2-任务 2.dwg"，另存为"实训 2-任务 3.dwg"。具体可参考"实训 1-任务 2.dwg"图形文件的建立方法。

2. 建立图层

此时，图形文件的图层已经建立，同"实训 2-任务 2.dwg"的图层。根据表 2-3 中的图层要求，相比较现有图层（见表 2-2），增加了"剖切线"图层。使用图层特性管理器，对现有图层进行增补修改。

表 2-3　图层设置

名　　　称	颜　　色	线　　　型	线　　宽	备　　注
中心线	红色■	ACAD_IS04W100（点画线）	0.2mm	
细投影线	白色□	Continuous（实线）	0.2mm	
粗投影线	绿色▨	Continuous（实线）	0.6mm	被剖切到的轮廓线
其他	蓝色■	Continuous（实线）	0.2mm	根据需要设置
文本尺寸	白色□	Continuous（实线）	0.2mm	
辅助线	洋红▨	Continuous（实线）	0.2mm	
虚线	青色■	ACAD_IS02W100（虚线）	0.2mm	根据需要设置
块	白色□	Continuous（实线）	0.2mm	
剖切线	绿色▨	Continuous（实线）	0.9mm	被剖切到的轮廓线

3. 设置状态栏

设置"对象捕捉"。启用对象捕捉模式中的"端点（E）" □ ☑端点(E)、"中点（M）"
△ ☑ 中点(M)、"延长线（X）" ┄ ☑ 延长线(X)。启用状态栏中"正交（Ortho）" ┗┛功能和"对象捕
捉" □功能。

4. 原图绘制

"实训2-任务3.dwg"来自于"实训2-任务2.dwg"中的"标准层平面建筑施工图"图形保留。

1）绘制轴线

设置当前图层为"中心线"图层；在绘图界面上的"图层"工具栏的"图层控制"中选择"中心
线"图层；在"特性"工具栏中设置颜色为 ▨ ByLayer、线型为—— •——ByLayer、线宽为
——ByLayer。使用直线（L）、复制（C）、拉伸（H）、移动（V）等命令绘制轴线，如图2-45（a）所示。

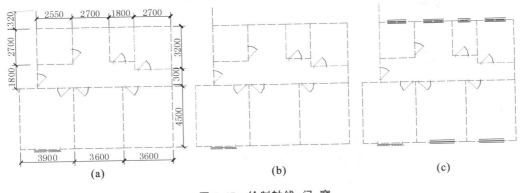

（a）　　　　　　　　　　　　（b）　　　　　　　　　　　　（c）

图 2-45　绘制轴线、门、窗

2）绘制门

设置当前图层为"块"图层；在绘图界面上的"图层"工具栏的"图层控制"选择"块"图层；在

"特性"工具栏中设置颜色为■ByLayer、线型为——ByLayer、线宽为——ByLayer。

　　具体绘制方法、步骤可参考"实训2/任务2/四、实训指导/5.绘制门",得到图2-45(b)。

　　3)绘制窗

　　设置当前图层为"块"图层;在绘图界面上的"图层"工具栏的"图层控制"选择"块"图层;在"特性"工具栏中设置颜色为■ByLayer、线型为——ByLayer、线宽为——ByLayer。

　　具体的绘制方法、步骤可参考"实训2/任务2/四、实训指导/6.绘制窗",得到图2-45(c)。

　　4)绘制墙线

　　绘制被剖切到的墙线。设置当前图层为"粗投影线"图层;在"特性"工具栏中设置颜色为■ByLayer、线型为——ByLayer、线宽为——ByLayer。具体绘制方法、步骤可参考"实训2/任务2/四、实训指导/7.绘制墙线"。

　　绘制楼梯入口处未被剖切到的墙线。设置当前图层为"细投影线"图层;在"特性"工具栏中设置颜色为■ByLayer、线型为——ByLayer、线宽为——ByLayer。使用多线、分解、直线等命令依次进行操作,得到图2-46(a)。

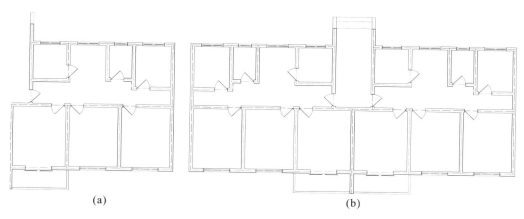

(a)　　　　　　　　　　　　　　(b)

图2-46　绘制墙线和一层平面图

　　5)绘制单元一层平面图

　　设置当前图层为"细投影线"图层;在"特性"工具栏中设置颜色为■ByLayer、线型为——ByLayer、线宽为——ByLayer。

　　使用镜像命令,得到单元一层平面图。使用直线命令,绘制楼梯入口处台阶、高差线等,得到图2-45(b);使用直线、修剪等命令绘制散水,如图2-44中所示。

　　6)绘制指北针

　　设置当前图层为"细投影线"图层;在"特性"工具栏中设置颜色为■ByLayer、线型为——ByLayer、线宽为——ByLayer。

　　使用直线、圆命令绘制如图2-47(a)所示的图形,其中直线是圆的垂直直径,长度为2400mm。

　　单击"绘图"工具栏中的"多段线..."按钮 ⊏⊐▏,根据命令行提示进行如下操作,得到图2-47(d)。

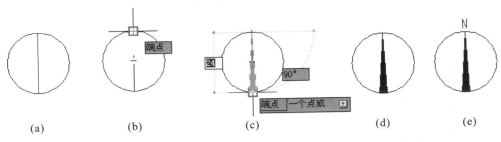

　　　(a)　　　　　(b)　　　　　(c)　　　　　(d)　　　　　(e)

图 2-47　绘制指北针

命令：_pline
指定起点：//单击如图所示垂直直径的上端点,如图 2-47(b)所示
当前线宽为 0.0000
指定下一个点或 [圆弧(A)/半宽(H)/长度(L)/放弃(U)/宽度(W)]：w //输入 w,按回车键
指定起点宽度 <0.0000>：//按回车键
指定端点宽度 <0.0000>：3//输入 3,按回车键
指定下一个点或 [圆弧(A)/半宽(H)/长度(L)/放弃(U)/宽度(W)]：//单击端点捕捉点,如图 2-47
(c)所示;或输入 24,十字光标放在起点下面后(此时正交是打开状态),按回车键
　指定下一点或 [圆弧(A)/闭合(C)/半宽(H)/长度(L)/放弃(U)/宽度(W)]：//按回车键,结束命令操作

　　设置当前图层为"文本尺寸"图层;在"特性"工具栏中设置颜色为 ■ ByLayer、线型为——
ByLayer、线宽为——ByLayer。设置"建筑数字"为当前格式,使用多行文字编辑"N",如图 2-47
(e)所示。

　　7) 文本、尺寸编辑

　　设置当前图层为"文本尺寸"图层;在"特性"工具栏中设置颜色为 ■ ByLayer、线型为——
ByLayer、线宽为——ByLayer。其方法、步骤同"实训 2/任务 1/四、实训指导/4～6"。得到图
2-44 所示的文本、尺寸、标高等图素。其中,轴线符号可以用块命令快速创建、插入。外墙尺寸也
可以采用"实训 2/任务 2/四/9.文本、尺寸编辑"中所述的第二种方法。

　　8) 完善

　　(1) 绘制剖切符号。设置当前图层为"剖切线"图层;在"特性"工具栏中设置颜色为
■ ByLayer、线型为——ByLayer、线宽为——ByLayer。使用直线命令,根据"建筑制图"的相关
要求,按图 2-44 所示进行绘制。

　　(2) 编制剖切字符。设置当前图层为"文本尺寸"图层;在"特性"工具栏中设置颜色为
■ ByLayer、线型为——ByLayer、线宽为——ByLayer。使用多行文字编辑相应字符。此时,设
置"建筑数字"为当前样式,如图 2-44 所示。

　　9) 保存图形文件

　　单击"保存"按钮 🖫 ,保存文件。单击界面右上角的关闭按钮 x ,退出 AutoCAD 界面。

5. 利用标准层平面图绘制一层平面图

　　"实训 2-任务 3.dwg"来自于"实训 2-任务 2.dwg"中的"标准层平面建筑施工图"图形保留,

70

在原有标准层平面建筑施工图上进行修改得到一层平面建筑施工图。具体方法如下。

（1）修改楼梯间。如图2-48所示为标准层楼梯间原图。设置当前图层为"细投影线"图层；在"特性"工具栏中设置颜色为■ByLayer、线型为——ByLayer、线宽为——ByLayer。

使用删除命令，删除楼梯间窗及相关文本，并使用拉伸命令拉长380mm楼梯间横墙为1200mm，得到图2-48(b)。

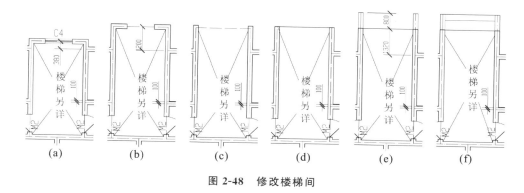

图2-48　修改楼梯间

使用拉伸命令，将楼梯间入口处横墙收缩至0mm。并使用删除命令，删除1200尺寸线，得到图2-48(c)。

使用删除命令删除楼梯间入口处水平轴线；并使用延伸命令延伸楼梯间横墙轴线至横墙上封口处；使用直线命令，绘制楼梯间入口处高差线，如图2-48(d)所示。

使用多线命令，绘制楼梯入口处墙垛投影线，此时设置"轴线-墙线"为当前多线样式。使用直线命令封口，如图2-48(e)所示。

使用复制命令，复制高差线为楼梯入口处台阶线，如图2-48(f)所示。

（2）散水、剖切符号、指北针、标高、尺寸、文本、文件保存等绘制与编辑，同上述"4.原图绘制"中的相关章节。

任务 4 绘制房屋屋顶平面建筑施工图

一、实训任务

绘制某住宅楼屋顶平面建筑施工图（无文本、无尺寸标注），如图2-49所示。

二、专业能力

绘制建筑屋顶平面图（无文本、无标注）的能力，以及对此进行文件管理的能力。

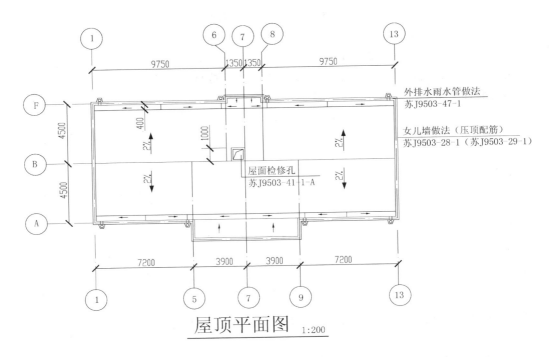

图 2-49　某住宅楼屋顶平面建筑施工图

三、CAD知识点

绘图命令：多线（Mline）。

修改命令：缩放（Scale）。

菜单栏：格式（标注样式（1-50 大比例））、标注。

四、实训指导

1. 建立图形文件

建立"实训2-任务4. dwg"图形文件。具体可参考"实训1-任务2. dwg"图形文件的建立方法。

2. 建立图层

根据表2-4所示的图层要求，进行图层设置。

表 2-4　图层设置

名　　　称	颜　　色	线　　型	线　　宽	备　　注
中心线	红色■	ACAD_IS04W100（点画线）	0.2mm	
细投影线	白色□	Continuous（实线）	0.2mm	
其他	蓝色■	Continuous（实线）	0.2mm	根据需要设置
文本尺寸	白色□	Continuous（实线）	0.2mm	
辅助线	洋红■	Continuous（实线）	0.2mm	
虚线	青色▨	ACAD_IS02W100（虚线）	0.2mm	根据需要设置
块	白色□	Continuous（实线）	0.2mm	

3. 设置状态栏

设置"对象捕捉"。启用对象捕捉模式中的"端点（E）" □ ☑端点(E)、"中点（M）"
△ ☑中点(M)、"延长线（X）" ┈ ☑延长线(X)。启用状态栏中的"正交（Ortho）" ⊾ 功能和"对象捕
捉" □ 功能。

4. 绘制墙线

1）设置多线样式

（1）设置"墙线"多线样式。其方法、步骤同"实训 1/任务 4/四、实训指导/4. 绘制图 1-41
（a）/2）绘制墙线/（1）"。

（2）设置"轴线-女儿墙"多线样式。其方法、步骤同"实训 1/任务 6/四、实训指导/9. 绘制一
梯两户平面图/1）完善楼梯间/（1）"，其中的"封口"选项组中的"端点"选项取消，如图 2-50（b）所
示。单击"确定"按钮后，弹出如图 2-50（a）所示的"多线样式"对话框（此时界面中"粗投影线"图
层为当前图层）。依次单击"置为当前（U）"、"确定"按钮，回到绘图界面。

(a)

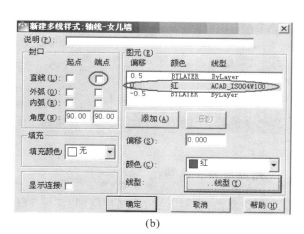

(b)

图 2-50　设置多线样式

2）绘制女儿墙

设置当前图层为"细投影线"图层；在"特性"工具栏中设置颜色为■ByLayer、线型为——ByLayer、线宽为——ByLayer，使用多线命令进行绘制，绘图比例为 1∶100。命令行中多线的设置为"当前设置：对正 = 无，比例 = 2.40，样式 ="轴线-女儿墙"。选择"绘图（D）"→"多线（U）"命令，根据命令行提示，进行如下操作。可得到图 2-52 所示的中女儿墙。

命令：_mline

当前设置：对正 = 上，比例 = 2.40，样式 = 墙线

指定起点或［对正(J)/比例(S)/样式(ST)］:∥单击界面中任一点 A，如图 2-51 所示

指定下一点：97.5 ∥输入 97.5，十字光标放在 A 点右边，如图 2-51 所示，按回车键，得到点 B

指定下一点或［放弃(U)］:3.8 ∥输入 3.8，十字光标放在 B 点上方，如图 2-51 所示，按回车键，得到点 C

指定下一点或［闭合(C)/放弃(U)］:27 ∥输入 27，十字光标放在 C 点右边，如图 2-51 所示，按回车键，得到点 D

指定下一点或［闭合(C)/放弃(U)］:3.8 ∥输入 3.8，十字光标放在 D 点下方，如图 2-51 所示，按回车键，得到点 E

指定下一点或［闭合(C)/放弃(U)］:97.5 ∥输入 97.5，十字光标放在 E 点右边，如图 2-51 所示，按回车键，得到点 F

指定下一点或［闭合(C)/放弃(U)］:90 ∥输入 90，十字光标放在 F 点左边，如图 2-51 所示，按回车键，得到点 G

指定下一点或［闭合(C)/放弃(U)］:72 ∥输入 72，十字光标放在 G 点右边，如图 2-51 所示，按回车键，得到点 H

指定下一点或［闭合(C)/放弃(U)］:13.8 ∥输入 13.8，十字光标放在 H 点下方，如图 2-51 所示，按回车键，得到点 I

指定下一点或［闭合(C)/放弃(U)］:78 ∥输入 78，十字光标放在 I 点左边，如图 2-51 所示，按回车键，得到点 J

指定下一点或［闭合(C)/放弃(U)］:13.8 ∥输入 13.8，十字光标放在 J 点上方，如图 2-51 所示，按回车键，得到点 K

指定下一点或［闭合(C)/放弃(U)］:72 ∥输入 72，十字光标放在 K 点左边，如图 2-51 所示，按回车键，得到点 L

指定下一点或［闭合(C)/放弃(U)］:c ∥输入 c，按回车键结束命令，和起点 A 闭合，如图 2-49 所示的女儿墙线

5. 绘制檐沟

其命令设置、绘制方法、绘制步骤同"实训 1/任务 7/四/5.绘制檐沟"，得到图 2-52 中所示的檐沟。

6. 绘制屋脊分水线

其命令设置、绘制方法、绘制步骤同"实训 1/任务 7/四/6.绘制屋脊分水线"，得到图 2-52 中所示的屋脊分水线。

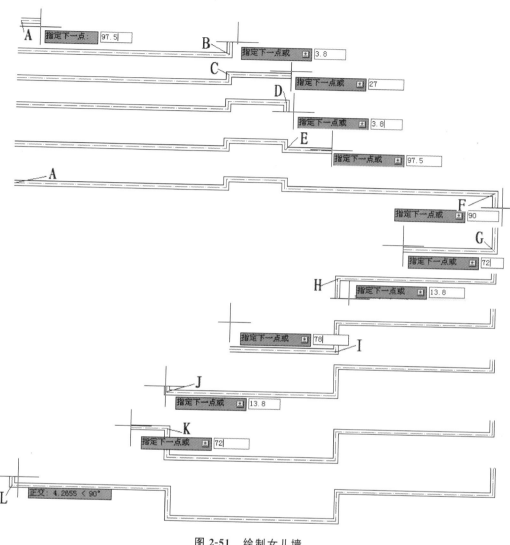

图 2-51　绘制女儿墙

7. 绘制屋面上人检修口

其命令设置、绘制方法、绘制步骤同"实训 1/任务 7/四/7.绘制屋面上人检修口",得到图 2-52中所示的屋面上人检修口。

8. 完善

其命令设置、绘制方法、绘制步骤同"实训 1/任务 7/四/8.完善",得到如图 2-52 所示的高差线、水流箭头、室外落水口、女儿墙内预埋落水管等图素。

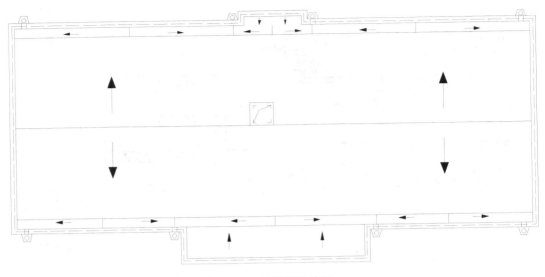

图 2-52　完善图形绘制

9. 标注尺寸

设置当前图层为"中心线"图层；在"特性"工具栏中设置颜色为▇ByLayer、线型为—·—ByLayer、线宽为——ByLayer。

使用分解命令，分解女儿墙；使用延伸命令、直线命令补充必要的轴线；使用缩放（Scale）命令，对图 2-52 进行缩放，缩放比例为 0.5，得到图 2-53。

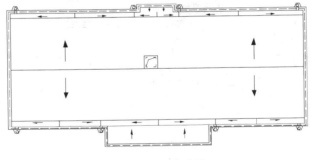

图 2-53　缩放原图

1）设置标注样式

设置"建筑制图(1-50)"的标注样式。其方法、步骤同"实训 2/任务 1/四/5/1)创建标注样式"中"建筑制图(1-100)样式"。此时，在"新建标注样式：建筑制图(1-50)"对话框中的"主单位"选项卡中，在"比例因子(E)"项中输入"200"，其他同"建筑制图(1-100)样式"。

设置"建筑轴线(1-50)"标注样式。其方法、步骤同"实训 2/任务 1/四/5/1)创建标注样式"。此时，在"新建标注样式：建筑轴线(1-50)"对话框中的"线"选项卡、"主单位"选项卡中，按图2-54进行设置，其他对话框设置同建筑制图(1-100)标注样式。

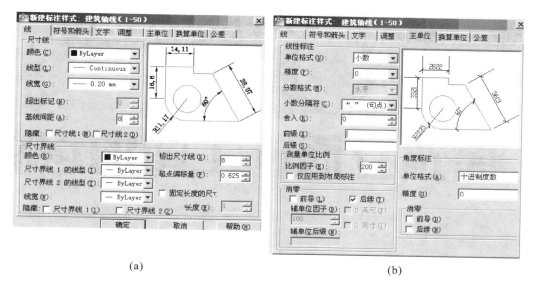

(a)   (b)

图 2-54 设置"新建标注样式:建筑轴线(1-50)"对话框

2)标注尺寸

(1)标注轴线间尺寸。设置当前图层为"中心线"图层;在"特性"工具栏中设置颜色为■ByLayer、线型为————·————ByLayer、线宽为————ByLayer。将"建筑轴线(1-50)"标注样式设置为当前样式。单击线性标注╟┤、连续标注╟┤╟等按钮,标注如图 2-49 所示的轴线间尺寸线。

(2)标注其他尺寸。设置当前图层为"文本尺寸"图层;在"特性"工具栏中设置颜色为■ByLayer、线型为————ByLayer、线宽为————ByLayer。将"建筑制图(1-50)"标注样式设置为当前样式。单击线性标注按钮╟┤完成檐沟、屋面上人检修口等的尺寸标注,如图 2-49 所示。

(3)绘制轴线标号。其方法、步骤同"实训 2/任务 1/四/5/2)标注编辑北外纵墙 3 道尺寸线/(3)绘制轴线标号"。绘制完成后,完善所标轴号的尺寸界线,如图 2-49 所示。

10. 编辑文本尺寸

其方法、步骤同"实训 2/任务 1/四/4.标注与编辑文本",得到如图 2-49 所示的文本。

11. 保存图形文件

单击"保存"按钮▣,保存文件。单击界面右上角的关闭按钮⊠,退出 AutoCAD 界面。

实 训 3

建筑立面施工图的绘制

学习目标

☆ 项目任务

绘制某住宅楼建筑立面施工图(详见各个任务成果,或配套教材《建筑 CAD》中附录 A)。

☆ 专业能力

绘制建筑立面施工图的能力,以及对此进行文件管理的能力。

☆ CAD 知识点

绘图命令:多线(Pline)、矩形(Rectang)。
修改命令:阵列(Array)。

  建筑施工图中,立面图与平面图、剖面图密切相关。立面图中建筑构造的水平方向的尺寸及其定位皆与平面图中的相应尺寸一致,而垂直方向的尺寸及其定位皆与剖面图中的相应尺寸一致,因此,建筑立面施工图可借助于其平面施工图确定或校核窗、阳台、散水等建筑构造水平方向上的尺寸及其定位,借助于剖面图确定或校核其垂直方向的尺寸。

任务 **1** 绘制建筑正立面施工图

一、实训任务

绘制某住宅楼正立面建筑施工图,如图 3-1 所示。其图层按表 3-1 要求进行设置,可参考该住宅楼的建筑平面施工图。

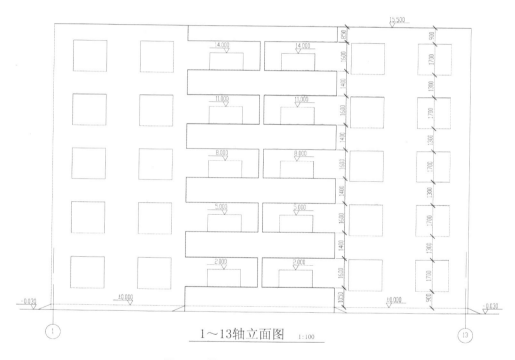

1～13轴立面图 1:100

图 3-1 某住宅楼正立面建筑施工图

表 3-1 图层设置

名　　称	颜　　色	线　　型	线　　宽	备　　注
中心线	红色■	ACAD_IS04W100(点画线)	0.2mm	
地平线	青色■	Continuous(实线)	1.2mm	立面外框线
粗轮廓线	92■	Continuous(实线)	0.9mm	
中粗轮廓线	白色■	Continuous(实线)	0.6mm	
细投影线	白色□	Continuous(实线)	0.2mm	

名　　称	颜　　色	线　　型	线　　宽	备　　注
文本尺寸	白色□	Continuous(实线)	0.2mm	
辅助线	洋红■	Continuous(实线)	0.2mm	
其他	蓝色■	Continuous(实线)	0.2mm	根据需要设置

二、专业能力

绘制建筑立面施工图的能力,以及对此进行文件管理的能力。

三、CAD 知识点

绘图命令:多线(Pline)、矩形(Rectang)。
修改命令:阵列(Array)。

四、实训指导

1. 建立图形文件

建立"实训 3-任务 1.dwg"图形文件。具体可参考"实训 1-任务 2.dwg"图形文件的建立方法。

2. 建立图层

根据表 3-1 所示的图层要求,进行图层设置。具体设置方法、步骤可参考"实训1/任务 1/四/5.建立图层"所述。

3. 设置状态栏

设置"对象捕捉"。启用对象捕捉模式中的"端点（E）"□ ☑端点(E)、"中点（M）" △ ☑中点(M)、"延长线（X）"--- ☑延长线(X)。启用状态栏中的"正交(Ortho)"功能和"对象捕捉"功能。

4. 创建文字、标注、多线样式

1) 创建"建筑数字"文本样式
其方法、步骤、样式同"实训2/任务 1/四、实训指导/4.标注与编辑文本/1)创建文字样式"。
2) 创建"建筑制图(1-100)"标注样式
其方法、步骤、样式同"实训2/任务 1/四、实训指导/5.标注与编辑尺寸/1)创建标注样式"。

3）创建多线样式

创建"墙线"多线样式，其方法、步骤、样式同"实训 1/任务 4/四、实训指导/4.绘制图 1-41（a)/2)绘制墙线/(1)设置多线样式"。创建"轴线-墙线"多线样式，其方法、步骤、样式同"实训 1/任务 6/四、实训指导/9.绘制一梯两户平面图/1)完善楼梯间/(1)设置"轴线-墙线"多线样式"。

5. 绘制一层立面

一层立面按 1∶100 比例绘制。

1）绘制地平线

设置当前图层为"地平线"图层；在"特性"工具栏中设置颜色为 ■ ByLayer、线型为——ByLayer、线宽为——ByLayer。使用直线命令，按图 3-2 所示尺寸从左到右，依次绘制，得到图 3-2(a)。

2）绘制±0.000 水平线

设置当前图层为"细投影线"图层；在"特性"工具栏中设置颜色为 ■ ByLayer、线型为——ByLayer、线宽为——ByLayer。使用复制命令，向上偏移距离为"300mm"(输入 3)，如图 3-2(a)所示。

3）绘制阳台部分

设置当前图层为"中粗轮廓线"图层；在"特性"工具栏中设置颜色为 ■ ByLayer、线型为——ByLayer、线宽为——ByLayer。设置"轴线-墙线"多线样式为当前多线样式。

(1) 一层阳台栏板。选择"绘图(D)"→"多线(U)"命令，根据命令行提示，进行如下操作。

当前设置：对正 = 无，比例 = 20.00,样式 = 轴线-墙线

指定起点或［对正(J)/比例(S)/样式(墙体)］：s //输入 s，按回车键

输入多线比例 <20.00> : 80.4 //输入 80.4，按回车键

当前设置：对正 = 无，比例 = 80.40,样式 = 轴线-墙线

指定起点或［对正(J)/比例(S)/样式(墙体)］://单击中点捕捉点，如图 3-2(a)所示

指定下一点：13.5 //输入 13.5，十字光标放在地平线中点上部位置，如图 3-2(b)所示，按回车键

指定下一点或［放弃(U)］://按回车键，得到图 3-2(c)所示的一层阳台栏板立面轮廓投影线

(2) 阳台分户墙。选择"绘图(D)"→"多线(U)"命令，根据命令行提示，进行如下操作。

当前设置：对正 = 无，比例 = 80.4,样式 = 轴线-墙线

指定起点或［对正(J)/比例(S)/样式(墙体)］：s //输入 s，按回车键

输入多线比例 <80.40> : 2.4 //输入 2.4，按回车键

当前设置：对正 = 无，比例 = 2.40,样式 = 轴线-墙线

指定起点或［对正(J)/比例(S)/样式(墙体)］://单击中点捕捉点，如图 3-2(c)所示

指定下一点：16 //输入 16,此时十字光标放在图 3-2(c)中点上部，按回车键

指定下一点或［放弃(U)］://按回车键，得到图 3-2(d)所示的一层阳台分户墙立面轮廓投影线

(3) 二层阳台栏板部分投影线。参考上述"(2)阳台分户墙"的方法、步骤，使用多线命令绘制。此时，命令行中的设置为"对正=无,比例=80.40,样式=轴线-墙线"；起点为分户墙上封口的中点；起点和终点之间的距离为 14。得到图 3-2(e)所示的二层阳台部分立面轮廓投影线。

使用分解、直线、修剪、删除等命令，完善图 3-2(e)中阳台的阳台栏板、分户墙投影线，得到图 3-2(f)所示的阳台栏板、分户墙轮廓立面投影线。

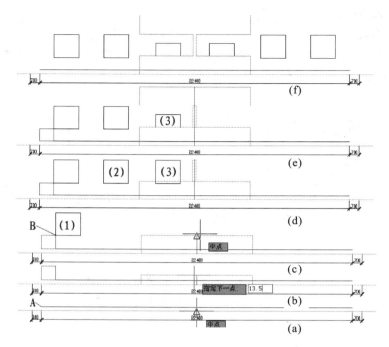

图 3-2　绘制一层阳台栏板

4）绘制门窗

（1）辅助线。设置当前图层为"辅助线"图层；在"特性"工具栏中设置颜色为 ■ ByLayer、线型为——ByLayer、线宽为——ByLayer。单击"绘图"工具栏中的"矩形"按钮 ■。根据命令行提示按下述步骤进行操作。

命令：_rectang
指定第一个角点或［倒角（C）/标高（E）/圆角（F）/厚度（T）/宽度（W）］：//单击 A 点，如图 3-2（a）所示）
指定另一个角点或［面积（A）/尺寸（D）/旋转（R）］：d //输入 d，按回车键
指定矩形的长度 <0>：10.2 //输入 10.2，按回车键
指定矩形的宽度 <0>：9 //输入 9，按回车键
指定另一个角点或［面积（A）/尺寸（D）/旋转（R）］：//十字光标放在 A 的右上角，按回车键，得到图 3-2（b）中所示的矩形框

（2）绘制门窗。设置当前图层为"细投影线"图层；在"特性"工具栏中设置颜色为 ■ ByLayer、线型为——ByLayer、线宽为——ByLayer。单击"绘图"工具栏中的"矩形"按钮 ■。根据命令行提示按下述步骤进行操作。

命令：_rectang
指定第一个角点或［倒角（C）/标高（E）/圆角（F）/厚度（T）-/宽度（W）］：//单击 B 点，如图 3-2（c）所示
指定另一个角点或［面积（A）/尺寸（D）/旋转（R）］：d //输入 d，按回车键
指定矩形的长度 <10.2>：18 //输入 18，按回车键
指定矩形的宽度 <9>：17 //输入 17，按回车键
指定另一个角点或［面积（A）/尺寸（D）/旋转（R）］：//十字光标放在 B 的右上角，按回车键，得到图 3-2（c）中所示的窗轮廓立面投影线（1）

使用复制命令,复制(1)得(2)、(3),向右位移距离分别依次输入36、73.5,得到图3-2(d)。

使用移动命令,移动(3)矩形框,向下移动距离为6,并且再次使用修剪命令修剪被挡住的部分,得到如图3-2(e)所示的(3)门框轮廓立面投影线。

使用镜像命令镜像图3-2(e)中左户的门窗轮廓立面投影线,并删除左边绘制门窗的辅助线,得到图3-2(f)所示的一层门窗轮廓立面投影线。

6. 绘制立面图

1)门窗、阳台栏板及分户墙

单击"修改"工具栏中的"矩形阵列"按钮▢▢,启动矩形阵列命令,操作过程如下。

    命令:_arrayrect
    选择对象://选择如图3-2(f)所示的一层门窗、一层阳台分户墙及栏板上沿、二层阳台栏板侧边等轮廓立面投影线
    选择对象:指定对角点:找到11个
    选择对象://按回车键
    类型 = 矩形 关联 = 是
    为项目数指定对角点或[基点(B)/角度(A)/计数(C)]<计数>://按回车键
    输入行数或[表达式(E)]<4>:5 //输入5,按回车键
    输入列数或[表达式(E)]<4>:1 //输入1,按回车键
    指定对角点以间隔项目或[间距(S)]<间距>:S 输入S,按回车键
    指定行之间的距离或[表达式(E)]<47.25>:30 //输入30,按回车键
    按Enter键接受或[关联(AS)/基点(B)/行(R)/列(C)/层(L)/退出(X)]<退出>://按回车键结束
命令操作,得到图3-1所示的五层门窗、阳台栏板、阳台分户墙等轮廓线立面图

2)绘制外墙轮廓线

设置当前图层为"粗轮廓线"图层;在"特性"工具栏中设置颜色为■ByLayer、线型为——ByLayer、线宽为——ByLayer。设置"轴线-墙线"多线样式为当前多线样式。

参考上述"阳台分户墙"的方法、步骤,使用多线命令绘制,此时,当前设置为"对正 = 无,比例 =224.4,样式 = 轴线-墙线";起点为地平线中点,如图3-2(a)所示;起点和终点之间的距离为158。使用分解、删除命令,删除中心线,得到图3-1所示的外轮廓线立面图。

3)修剪五层阳台雨棚投影线

得到如图3-1所示雨棚立面图。

4)散水

设置当前图层为"细投影线"图层;在"特性"工具栏中设置颜色为■ByLayer、线型为——ByLayer、线宽为——ByLayer。使用直线、镜像命令绘制散水投影线,得到如图3-1所示的散水立面图。

7. 文本尺寸编辑

设置当前图层为"文本尺寸"图层;在"特性"工具栏中设置颜色为■ByLayer、线型为——ByLayer、线宽为——ByLayer。

设置"建筑数字"文本样式为当前文本样式。使用多行文字编辑图3-1中的文本。

设置"建筑制图（1-100）"标注样式为当前样式。使用线性标注 、连续标注 命令，标注如图 3-1 所示的尺寸。

8. 完善

（1）标高。设置当前图层为"文本尺寸"图层；在"特性"工具栏中设置颜色为 ■ ByLayer、线型为——ByLayer、线宽为——ByLayer。其方法、步骤可参考"实训 2/任务 1/四、实训指导/6.标注标高"所述，绘制、编辑图 3-1 中的标高。

（2）定位轴线。设置当前图层为"中心线"图层；在"特性"工具栏中设置颜色为 ■ ByLayer、线型为——·——ByLayer、线宽为——ByLayer。使用多线命令绘制，此时，命令行中的设置为"对正 ＝ 无，比例 ＝222，样式 ＝墙线"；起点为过地平线中点垂直线上的适合点。

（3）轴线符号。设置当前图层为"文本尺寸"图层；在"特性"工具栏中设置颜色为 ■ ByLayer、线型为——ByLayer、线宽为——ByLayer。使用圆命令绘制直径为 8 的轴线符号；使用多行文字进行轴号编辑。

启用状态栏"显示/隐藏线宽" 功能，其立面效果如图 3-3 所示。

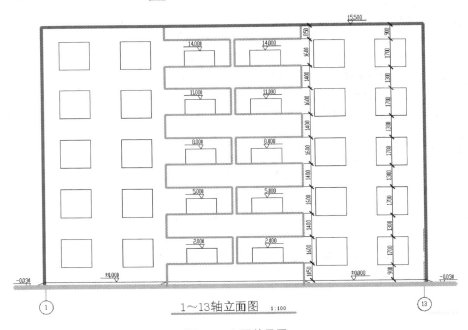

图 3-3 立面效果图

9. 保存图形文件

单击"保存"按钮 ，保存文件。单击界面右上角的关闭按钮 ，退出 AutoCAD 界面。

任务 **2** 绘制建筑背立面施工图

一、实训任务

绘制如图 3-4 所示的某住宅楼 13~1 轴立面建筑施工图(背立面图)。其图层按表 3-1 要求设置。可参考某住宅楼的建筑平面施工图。

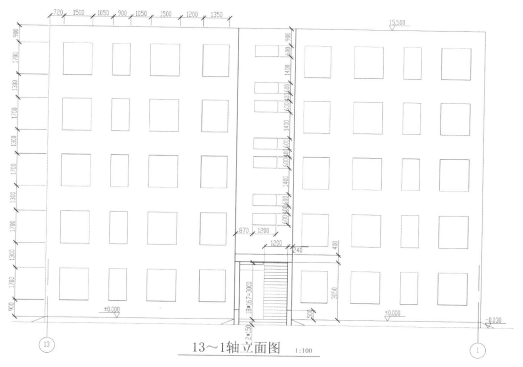

图 3-4 某住宅楼 13~1 轴背立面施工图

二、专业能力

绘制建筑背面施工图的能力,以及对此进行文件管理的能力。

三、CAD 知识点

绘图命令：多线（Pline）、矩形（Rectang）。

修改命令：阵列（Array）。

四、实训指导

1. 建立图形文件

建立"实训 3-任务 2. dwg"图形文件。具体可参考"实训 1-任务 2. dwg"图形文件的建立方法。

2. 建立图层

根据表 3-1 所示的图层的要求，进行图层设置。具体的设置方法、步骤可参考"实训 1/任务 1/四、实训指导/5. 建立图层"所述。

3. 设置状态栏

设置"对象捕捉"。启用对象捕捉模式中的"端点（E）" □ ☑端点(E)、"中点（M）" △ ☑ 中点(M)、"延长线（X）" ⚊⚊ ☑ 延长线(X)。启用状态栏中的"正交(Ortho)" ⌐⌐ 功能和"对象捕捉" □ 功能。

4. 创建文字、标注、多线样式

1）创建"建筑数字"文本样式

其方法、步骤、样式同"实训 2/任务 1/四、实训指导/4. 标注与编辑文本/1)创建文字样式"。

2）创建"建筑制图（1-100）"标注样式

其方法、步骤、样式同"实训 2/任务 1/四、实训指导/5. 标注与编辑尺寸/1)创建标注样式"。

3）创建多线样式

创建"墙线"多线样式，其方法、步骤、样式同"实训 1/任务 4/四、实训指导/4. 绘制图 1-41（a）/2)绘制墙线/(1)设置多线样式"；创建"轴线-墙线"多线样式，方法、步骤、样式同"实训 1/任务 6/四、实训指导/9. 绘制一梯两户平面图/1)完善楼梯间/(1)设置"轴线-墙线"多线样式"。

5. 绘制地平、散水、墙等轮廓线

地平、散水、墙等轮廓线按 1：100 比例绘制。

1）绘制地平线

设置当前图层为"地平线"图层；在"特性"工具栏中设置颜色为 ■ ByLayer、线型为——ByLayer、线宽为——ByLayer。使用直线命令，按图 3-5 所示尺寸从左到右依次绘制，如图 3-5

中所示的地平线。

图 3-5 绘制地平线

2）绘制散水（及±0.000 水平）线

使用复制命令，将部分地平线向上偏移距离为"300mm"（输入 3）进行复制。得到如图 3-6（a）所示的水平线。双击该线，在弹出的"特性"对话框中将图层由原先的"地平线"改为"细投影线"，如图 3-6（b）所示进行修改，得到图 3-5 所示的±0.000 水平线。

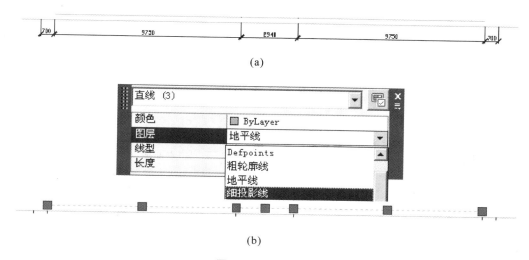

(a)

(b)

图 3-6 绘制散水线

使用直线命令，绘制其他散水线。此时，设置当前图层为"细投影线"图层；在"特性"工具栏中设置颜色为 ▓ ByLayer、线型为——ByLayer、线宽为——ByLayer，得到如图 3-6 所示的散水线。

3）绘制墙轮廓线

（1）绘制外墙轮廓线。设置当前图层为"粗轮廓线"图层；在"特性"工具栏中设置颜色为▓ByLayer、线型为——ByLayer、线宽为——ByLayer。设置"轴线-墙线"多线样式为当前多线样式。选择"绘图(D)"→"多线(U)"命令，根据命令行提示，进行如下操作，得到图 3-7(a)。

  当前设置：对正 ＝ 无，比例 ＝ 20.00，样式 ＝ 轴线-墙线

  指定起点或 [对正(J)/比例(S)/样式(墙体)]：s //输入 s，按回车键

  输入多线比例 <20.00> : 224.4 //输入 224.4，按回车键

  当前设置：对正 ＝ 无，比例 ＝ 224.40，样式 ＝ 轴线-墙线

  指定起点或 [对正(J)/比例(S)/样式(墙体)]：//单击地平线中点捕捉点

  指定下一点：158 //输入 158，此时十字光标放在地平线中点上部位置

  指定下一点或 [放弃(U)]：//按回车键，得到图 3-7(a)

使用分解命令分解图 3-7(a)中所绘制外墙轮廓线，再使用删除命令删除中心线，得到图 3-7（b)所示的外墙轮廓线。

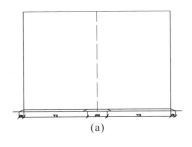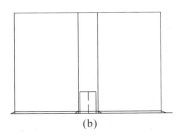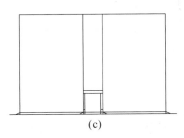

|(a)|(b)|(c)|

图 3-7　绘制外墙轮廓线

（2）绘制楼梯间墙轮廓线。绘制楼梯间内墙线。设置当前图层为"中粗轮廓线"图层；在"特性"工具栏中设置颜色为 ■ ByLayer、线型为——ByLayer、线宽为——ByLayer。设置"轴线-墙线"多线样式为当前多线样式。选择"绘图(D)"→"多线(U)"命令，根据命令行提示，进行如下操作，得到如图 3-7(b)所示的楼梯间内墙线及其部分雨篷下沿线。

　　　当前设置：对正 ＝ 无,比例 ＝ 224.40,样式 ＝ 轴线-墙线
　　　指定起点或［对正(J)/比例(S)/样式(墙体)］：s //输入 s,按回车键
　　　输入多线比例 <224.4> : 24.6 //输入 24.6,按回车键
　　　当前设置：对正 ＝ 无,比例 ＝ 24.60,样式 ＝ 轴线-墙线
　　　指定起点或［对正(J)/比例(S)/样式(墙体)］：//单击地平线中点捕捉点
　　　指定下一点：33.5 //输入 33.5,此时十字光标放在地平线中点上部位置,按回车键
　　　指定下一点或［放弃(U)］：//按回车键,得到图 3-7(b)所示楼梯间内墙线及其部分雨篷下沿线

　　绘制楼梯间外墙线。设置当前图层为"中粗轮廓线"图层；在"特性"工具栏中设置颜色为 ■ ByLayer、线型为——ByLayer、线宽为——ByLayer。设置"墙线"多线样式为当前多线样式。选择"绘图(D)"→"多线(U)"命令，根据命令行提示，进行如下操作，得到如图 3-7(b)所示的楼梯间外墙线。

　　　当前设置：对正 ＝ 无,比例 ＝ 224.40,样式 ＝ 墙线
　　　指定起点或［对正(J)/比例(S)/样式(墙体)］：s //输入 s,按回车键
　　　输入多线比例 <24.6> : 29.4 //输入 29.4,按回车键
　　　当前设置：对正 ＝ 无,比例 ＝ 29.4,样式 ＝ 墙线
　　　指定起点或［对正(J)/比例(S)/样式(墙体)］：//单击地平线中点捕捉点
　　　指定下一点：158 //输入 158,此时十字光标放在地平线中点上部位置,按回车键
　　　指定下一点或［放弃(U)］：//按回车键,得到图 3-7(b)所示楼梯间外墙线

　　分解楼梯间内、外墙线,删除中心线,并使用延伸命令,把部分雨篷下沿线延伸至外墙线,再向上复制为雨篷上沿线,如图 3-7(c)所示的图形。

　　使用直线命令、修剪命令、删除命令,在"中粗轮廓线"图层绘制楼梯入口处墙垛立面图,如图 3-7(c)所示,距离±0.000 水平线 500mm。

6. 绘制门窗

1）绘制一层门窗

（1）辅助线。设置当前图层为"辅助线"图层；在"特性"工具栏中设置颜色为 ■ ByLayer、线型为——ByLayer、线宽为——ByLayer。单击"绘图"工具栏中的"矩形"按钮 ■,根据命令行提

示按下述步骤进行操作。

　　　命令：_rectang
　　　指定第一个角点或［倒角(C)/标高(E)/圆角(F)/厚度(T)/宽度(W)］：//单击A点,如图3-8(a)所示
　　　指定另一个角点或［面积(A)/尺寸(D)/旋转(R)］：d //输入d,按回车键
　　　指定矩形的长度 <0> : 7.2 //输入7.2,按回车键
　　　指定矩形的宽度 <0> : 9 //输入9,按回车键
　　　指定另一个角点或［面积(A)/尺寸(D)/旋转(R)］：//十字光标放在A的右上角,按回车键,得到图3-8(a)中所示的对角线为AB的矩形框

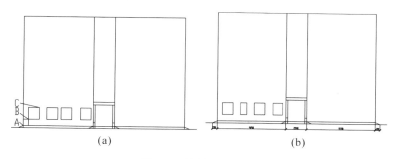

(a)　　　　　　　　　　　　　　(b)

图3-8　绘制一层门窗

　　(2) 绘制门窗。设置当前图层为"细投影线"图层;在"特性"工具栏中设置颜色为■ByLayer、线型为——ByLayer、线宽为——ByLayer。单击"绘图"工具栏中的"矩形"按钮 □。根据命令行提示按下述步骤进行操作。

　　　命令：_rectang
　　　指定第一个角点或［倒角(C)/标高(E)/圆角(F)/厚度(T)/宽度(W)］：//单击B点,如图3-8(a)所示
　　　指定另一个角点或［面积(A)/尺寸(D)/旋转(R)］：D //输入D,按回车键
　　　指定矩形的长度 <7.2000> : 15 //输入15,按回车键
　　　指定矩形的宽度 <9.0000> : 17 //输入17,按回车键
　　　指定另一个角点或［面积(A)/尺寸(D)/旋转(R)］：//十字光标放在B的右上角,按回车键,得到图3-8(a)中所示的对角线为BC的矩形框

单击"修改"工具栏中的"复制"按钮 ❀。根据命令行提示按下述步骤进行操作。

　　　命令：_copy
　　　选择对象://单击BC矩形框上任一点
　　　选择对象：找到1个 //按回车键
　　　当前设置：复制模式 = 多个
　　　指定基点或［位移(D)/模式(O)］<位移>://单击BC矩形框的左上对角点
　　　指定第二个点或［阵列(A)］<使用第一个点作为位移>：<正交 开> 25.5 //输入25.5,十字光标放在基点的右方,按回车键
　　　指定第二个点或［阵列(A)/退出(E)/放弃(U)］<退出>：45//输入45,十字光标放在基点的右方,按回车键
　　　指定第二个点或［阵列(A)/退出(E)/放弃(U)］<退出>：72//输入72,十字光标放在基点的右方,按回车键
　　　指定第二个点或［阵列(A)/退出(E)/放弃(U)］<退出>：//按回车键,结束命令操作,得到图3-8(a)

使用拉伸命令,拉伸图3-8(a)中左起第二个矩形框 1500mm×1700mm、第四个矩形框 1500mm×1700mm 为 900mm×1700mm、1350mm×1700mm。使用删除命令,删除辅助线,得到图3-8(b)。

使用镜像命令,对图3-8(b)中的门窗进行镜像,镜像线的第一点、第二点分别为地平线、±0.00 水平线中点,得到图3-9。

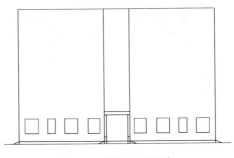

图3-9　绘制右方门窗

2)绘制五层门窗

单击"修改"工具栏中的"矩形阵列"按钮⊞⊞,启动矩形阵列命令,操作过程如下。

```
命令:_arrayrect
选择对象://选择如图 3-9 所示的一层门窗投影线
选择对象:指定对角点:找到 8 个
选择对象://按回车键
类型 = 矩形  关联 = 是
为项目数指定对角点或[基点(B)/角度(A)/计数(C)]<计数>://按回车键
输入行数或[表达式(E)]<4>:5 //输入 5,按回车键
输入列数或[表达式(E)]<4>:1 //输入 1,按回车键
指定对角点以间隔项目或[间距(S)]<间距>:S //输入 S,按回车键
指定行之间的距离或[表达式(E)]<47.25>:30 //输入 30,按回车键
按 Enter 键接受或[关联(AS)/基点(B)/行(R)/列(C)/层(L)/退出(X)]<退出>://按回车键结束
命令操作,得到如图 3-4 所示的五层门窗立面图
```

7. 完善楼梯间

1)楼梯间窗

在"辅助线"图层,使用直线命令,绘制如图 3-10(a)所示的辅助线。在"细投影线"图层,使用矩形命令,绘制如图 3-10(a)所示的以 A 为基点的,尺寸为 1200mm×600mm 的窗框立面。

使用删除命令,删除辅助线。使用复制命令,复制图 3-10(a)中的矩形框,上移距离为 1000mm。得到如图 3-10(b)所示的两扇窗框立面图。

使用阵列命令,绘制如图 3-10 所示的窗框立面,其中,行为 4、列为 1、行间距为 3000mm(命令行输入为 30,比例为 1:100,得到如图 3-10 所示的 4 行窗立面图。

使用分解命令分解如图 3-10(c)所示的楼梯间窗,并使用删除命令删除多余窗框,得到如图 3-10 所示的楼梯间窗框立面图。

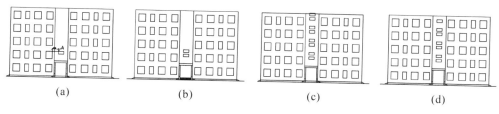

图 3-10　绘制楼梯间窗

2）楼梯间入口

如图 3-10(a)所示的楼梯间入口，使用修剪命令对其±0.000 水平线进行修剪，得到图 3-10(b)所示的楼梯间±0.000 水平线。

在"细投影线"图层，使用直线命令，绘制如图 3-11 所示尺寸的楼梯梯段踏步立面，并删除 AB 线段，得到图 3-11(b)所示的楼梯间立面。

使用阵列命令，绘制如图 3-11(c)所示的梯段立面，对象为图 3-11(b)中的踏步立面；行数为 18；列数为 1；行间距为 167(输入为 1.67)。

参考楼梯间大样图，完善楼梯间立面，得到如图 3-4 所示的楼梯间入口处立面图。

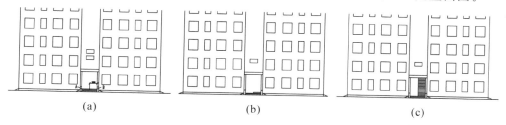

图 3-11　绘制楼梯间入口

8. 文本尺寸编辑

设置当前图层为"文本尺寸"图层；在"特性"工具栏中设置颜色为■ByLayer、线型为——ByLayer、线宽为——ByLayer。

设置"建筑数字"文本样式为当前文本样式。使用多行文字编辑图 3-4 中的文本。

设置"建筑制图(1-100)"标注样式为当前样式。使用线性标注⊢⊣、连续标注⊢⊢⊣命令，标注如图 3-4 所示的尺寸。

9. 完善

标高、定位轴线、轴线符号等的绘制与编辑同"实训 3/任务 1/四、实训指导/8.完善"中相应的内容。得到如图 3-4 所示的标高、定位轴线、轴线符号。启用状态栏中"显示/隐藏线宽"＋功能，得到最终立面效果图如图 3-12 所示。

10. 保存图形文件

单击"保存"按钮🖫，保存文件。单击界面右上角的关闭按钮✕，退出 AutoCAD 界面。

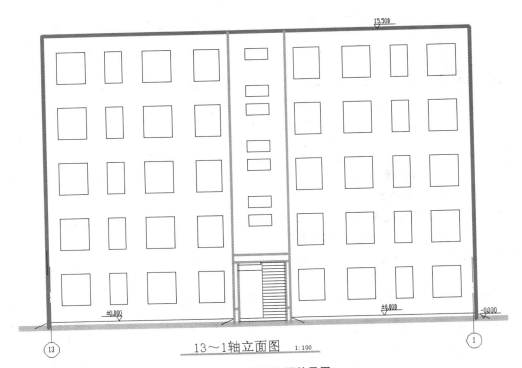

13~1轴立面图 1:100

图 3-12　最终立面效果图

实训 4

建筑剖面施工图的绘制

学习目标

☆ **项目任务**

绘制某住宅楼建筑剖面施工图(详见各个任务成果,或配套教材《建筑 CAD》中附录 A)。

☆ **专业能力**

绘制建筑剖面施工图的能力,以及对此进行文件管理的能力。

☆ **CAD 知识点**

绘图命令:多线(Mutiline)、矩形(Rectang)。
修改命令:阵列(Array)。
标　　准:对象特性(Properties)、特性匹配('Matchprop)。
菜 单 栏:格式(多线样式(Mlstyle))。

　　建筑施工图中,剖面图与平面图、立面图密切相关。剖面图中建筑构造的水平方向的尺寸及其定位皆应与平面图中的相应尺寸一致,而垂直方向的尺寸及其定位皆应与立面图中的相应尺寸一致,因此,建筑剖面施工图可借助于其平面施工图确定或校核窗、门、墙等建筑构造水平方向上的尺寸及其定位,借助立面施工图确定或校核其垂直方向的尺寸。

任务 1 绘制不带楼梯剖面建筑施工图

一、实训任务

　　绘制如图 4-1 所示的某住宅楼不带楼梯的建筑剖面施工图。其图层按表 4-1 的要求设置。构造组成的定位、定形尺寸可参考某住宅楼的建筑平面施工图。

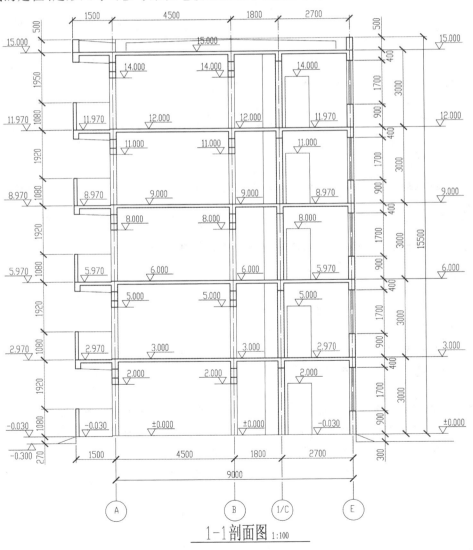

图 4-1　某住宅楼不带楼梯的建筑剖面施工图

表 4-1　图层设置

名　　称	颜　　色	线　　型	线　　宽	备　　注
中心线	红色■	ACAD_IS04W100（点画线）	0.2mm	
地平线	青色■	Continuous（实线）	1.2mm	
中粗投影线	白色□	Continuous（实线）	0.6mm	
细投影线	白色□	Continuous（实线）	0.2mm	
文本尺寸	白色□	Continuous（实线）	0.2mm	
辅助线	洋红■	Continuous（实线）	0.2mm	
其他	蓝色■	Continuous（实线）	0.2mm	根据需要设置

二、专业能力

绘制不带楼梯的建筑剖面施工图的能力，以及对此进行文件管理的能力。

三、CAD 知识点

绘图命令：多线（Mutiline）。

修改命令：阵列（Array）。

菜单栏：格式（多线样式（Mlstyle）），标准（特性匹配、特性（多行文字、直线等单项））。

四、实训指导

1. 建立图形文件

建立"实训 4-任务 1.dwg"图形文件。具体可参考"实训 1-任务 2.dwg"图形文件的建立方法。

2. 建立图层

根据表表 4-1 中的图层要求，进行图层设置。具体的设置方法、步骤可参考"实训 1/任务 1/四、实训指导/5. 建立图层"所述。

3. 设置状态栏

设置"对象捕捉"。启用对象捕捉模式中的"端点（E）"□ ☑端点(E)、"中点（M）"△ ☑中点(M)、"垂足（P）" ☐ ☑垂足(P)、"延长线（X）"┈ ☑延长线(X)、"最近点（R）" ☒ ☑最近点(R)。启用状态栏中的"正交（Ortho）" ⊡功能和"对象捕捉" □功能。

4．创建文字、标注、多线样式

1）创建文字样式

创建"建筑数字"文本样式。其方法、步骤、样式同"实训 2/任务 1/四、实训指导/4.标注与编辑文本/1)创建文字样式"。

2）创建标注样式

创建"建筑制图（1-100）"标注样式。其方法、步骤、样式同"实训 2/任务 1/四、实训指导/5.标注与编辑尺寸/1)创建标注样式"。

3）创建多线样式

设置当前图层为"细投影线"图层；在"特性"工具栏中设置颜色为 ■ ByLayer、线型为——ByLayer、线宽为——ByLayer。

（1）创建"墙线"多线样式，其方法、步骤、样式同"实训 1/任务 4/四、实训指导/4.绘制图 1-41(a)/2)绘制墙线/(1)设置多线样式"来设置墙线，如图 4-2(b)所示。

（2）创建"墙线-终闭"多线样式，其方法、步骤同上述创建"墙线"多线样式，此时端点闭合，如图 4-2(c)所示。

（3）创建"轴线-墙线"多线样式，其方法、步骤、样式同"实训 1/任务 6/四、实训指导/9.绘制一梯两户平面图/1)完善楼梯间/(1)设置"轴线-墙线"多线样式(Mlstyle)，如图 4-2(d)所示。

（4）创建"窗"多线样式，其方法、步骤、样式同"实训 1/任务 6/四、实训指导/9.绘制一梯两户平面图/1)完善楼梯间/(3)绘制楼梯间窗"，如图 4-2(a)所示。

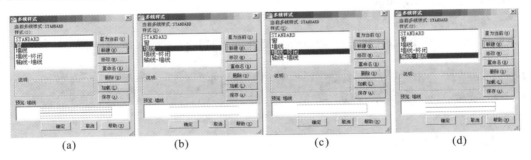

(a)　　　　　　　(b)　　　　　　　(c)　　　　　　　(d)

图 4-2　创建多线样式

5．绘制一层剖面

一层剖面按 1∶100 比例绘制。

1）绘制室内外地平线

设置当前图层为"地平线"图层；在"特性"工具栏中设置颜色为 ■ ByLayer、线型为——ByLayer、线宽为——ByLayer。使用直线命令，按图 4-3(a)所示尺寸从左到右依次绘制，得到图 4-3(b)。

2）绘制阳台

设置当前图层为"细投影线"图层；在"特性"工具栏中设置颜色为 ■ ByLayer、线型为——ByLayer、线宽为——ByLayer。设置"墙线-终闭"多样式为多线当前样式。选择"绘图（D）"→

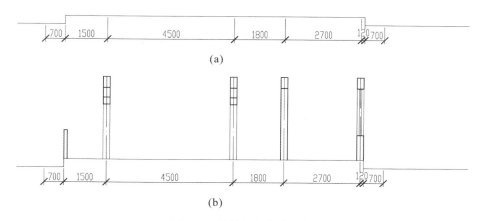

图 4-3 绘制室内外地平线

"多线(U)"命令,根据命令行提示,进行如下操作。可得到一层阳台剖面图。

    命令:_mline

    当前设置:对正 = 上,比例 = 20.00,样式 = 墙线-终闭

    指定起点或 [对正(J)/比例(S)/样式(墙体)]:s //输入 s,按回车键

    输入多线比例 < 20.00> :1.2 //输入 1.2,按回车键

    当前设置:对正 = 上,比例 = 1.2,样式 = 墙线-终闭

    指定起点或 [对正(J)/比例(S)/样式(墙体)]://单击端点捕捉点,如图 4-4(a)所示

    指定下一点:10.5 //输入 10.5,十字光标放在端点上方,如图 4-4(b)所示,按回车键

    指定下一点或 [放弃(U)]://回车结束命令操作,得到图 4-4(c)

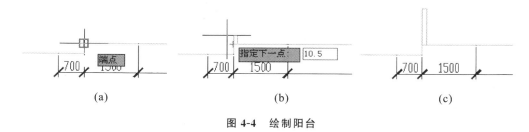

图 4-4 绘制阳台

3) 绘制 A 轴墙剖面图

(1) 准备工作。命令行中多线的设置为"当前设置:对正=无,比例=2.40,样式=轴线-墙线"

(2) 绘制推拉门框剖面图。设置当前图层为"细投影线"图层;在"特性"工具栏中设置颜色为 ■ByLayer、线型为——ByLayer、线宽为——ByLayer。选择"绘图(D)"→"多线(U)"命令,根据命令行提示,进行如下操作。

    命令:_mline

    当前设置:对正 = 无,比例 = 2.40,样式 = 轴线-墙线

    指定起点或 [对正(J)/比例(S)/样式(ST)]://单击端点捕捉点,如图 4-5(a)所示

    指定下一点:20 //输入 20,十字光标放在端点上方,按回车键

    指定下一点或 [放弃(U)]://按回车键结束命令操作,得到图 4-5(b)

(3) 绘制过梁剖面图。设置当前图层为"细投影线"图层;在"特性"工具栏中设置颜色为 ■

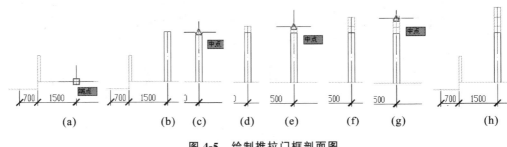

图 4-5　绘制推拉门框剖面图

ByLayer、线型为——ByLayer、线宽为——ByLayer。选择"绘图(D)"→"多线(U)"命令,根据命令行提示,进行如下操作。

> 命令：_mline
> 当前设置：对正 ＝ 无,比例 ＝ 2.40,样式 ＝ 轴线-墙线
> 指定起点或［对正(J)/比例(S)/样式(ST)］://单击中点捕捉点,如图 4-5(c)所示
> 指定下一点：2.5 //输入 2.5,十字光标放在中点上方,按回车键
> 指定下一点或［放弃(U)］://按回车键结束命令操作,得到图 4-5(d)

(4) 绘制被剖到外纵墙剖面图。设置当前图层为"细投影线"图层;在"特性"工具栏中设置颜色为 ■ ByLayer、线型为——ByLayer、线宽为——ByLayer。选择"绘图(D)"→"多线(U)"命令,根据命令行提示,进行如下操作。

> 命令：_mline
> 当前设置：对正 ＝ 无,比例 ＝ 2.40,样式 ＝ 轴线-墙线
> 指定起点或［对正(J)/比例(S)/样式(ST)］://单击中点捕捉点,如图 4-5(e)所示
> 指定下一点：3.5 //输入 3.5,十字光标放在中点上方,按回车键
> 指定下一点或［放弃(U)］://按回车键结束命令操作,得到图 4-5(f)

(5) 绘制圈梁剖面图。设置当前图层为"中粗投影线"图层;在"特性"工具栏中设置颜色为 ■ ByLayer、线型为——ByLayer、线宽为——ByLayer。选择"绘图(D)"→"多线(U)"命令,根据命令行提示,进行如下操作。

> 命令：_mline
> 当前设置：对正 ＝ 无,比例 ＝ 2.40,样式 ＝ 轴线-墙线
> 指定起点或［对正(J)/比例(S)/样式(ST)］://单击中点捕捉点,如图 4-5(g)所示
> 指定下一点：4 //输入 4,十字光标放在中点上方,按回车键
> 指定下一点或［放弃(U)］://按回车键结束命令操作,得到图 4-5(h)

(6) 完善。分解图 4-5(h),单击"标注"工具栏中的"特性匹配"按钮 ,选择源对象为任一属于"中粗投影线"图层的图素,目标对象选择为门框顶剖面投影(此时所属为"细投影线"图层),操作后使门框顶部剖面图图素属于"中粗投影线"图层;选择源对象为任一属于"中心线"层的图素,目标对象选择为除门框部位以外的轴线(此时线宽所属为"中粗投影线"图层),操作后属于"中心线"图层。如图 4-2(b)所示。

4) 绘制 B 轴墙剖面图

使用复制命令,复制 A 轴墙剖面图至 B 轴墙相应的部分,如图 4-2(b)所示。

5）绘制 1/C 轴墙剖面图

设置当前图层为"中粗投影线"图层；在"特性"工具栏中设置颜色为■ByLayer、线型为——ByLayer、线宽为——ByLayer。命令行中多线的设置为"当前设置：对正 = 无,比例 = 2.40,样式 = 轴线-墙线"。

（1）绘制墙体剖面图。选择"绘图(D)"→"多线(U)"命令,根据命令行提示,进行如下操作。

命令：_mline

当前设置：对正 = 无,比例 = 2.40,样式 = 轴线-墙线

指定起点或[对正(J)/比例(S)/样式(ST)]：//单击端点捕捉点 A,如图 4-6(a)所示

指定下一点：26 //输入 26,十字光标放在 A 点上方,按回车键

指定下一点或[放弃(U)]：//按回车键结束命令操作,得到图 4-6(b)左图

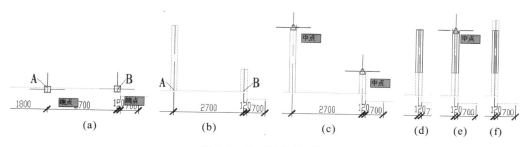

图 4-6 绘制墙体剖面图

（2）绘制圈梁剖面图。选择"绘图(D)"→"多线(U)"命令,根据命令行提示,进行如下操作。

命令：_mline

当前设置：对正 = 无,比例 = 2.40,样式 = 轴线-墙线

指定起点或[对正(J)/比例(S)/样式(ST)]：//单击中点捕捉点,如图 4-6(c)所示

指定下一点：4 //输入 4,十字光标放在中点上方,按回车键

指定下一点或[放弃(U)]：//按回车键结束命令操作,得到图 4-2(b)

使用分解命令,单击"标注"工具栏中的"特性匹配"按钮，改变轴线所在图层为"中心线"图层。

6）绘制 E 轴墙剖面图

（1）绘制窗下墙剖面图。设置当前图层为"中粗投影线"图层；在"特性"工具栏中设置颜色为■ByLayer、线型为——ByLayer、线宽为——ByLayer。命令行中多线的设置为"当前设置：对正 = 无,比例 = 2.40,样式 = 轴线-墙线"。选择"绘图(D)"→"多线(U)"命令,根据命令行提示,进行如下操作。

命令：_mline

当前设置：对正 = 无,比例 = 2.40,样式 = 轴线-墙线

指定起点或[对正(J)/比例(S)/样式(ST)]：//单击端点捕捉点 B,如图 4-6(a)所示

指定下一点：9 //输入 9,十字光标放在中点上方,按回车键

指定下一点或[放弃(U)]：//按回车键结束命令操作,得到图 4-6(b)中右图

（2）绘制窗剖面图。设置当前图层为"细投影线"图层；在"特性"工具栏中设置颜色为■ByLayer、线型为——ByLayer、线宽为——ByLayer。命令行中多线的设置为"当前设置：对正 = 无,比例＝2.40,样式 = 窗"。选择"绘图(D)"→"多线(U)"命令,根据命令行提示,进行如下

操作。

> 命令：_mline
>
> 当前设置：对正 ＝ 无,比例 ＝ 2.40,样式 ＝ 窗
>
> 指定起点或［对正(J)/比例(S)/样式(ST)］://单击中点捕捉点,如图 4-6(c)所示
>
> 指定下一点：17 //输入 17,十字光标放在中点上方,按回车键
>
> 指定下一点或［放弃(U)］://按回车键结束命令操作,得到图 4-6(d)

（3）绘制圈梁剖面图。设置当前图层为"中粗投影线"图层；在"特性"工具栏中设置颜色为 ■ByLayer、线型为——ByLayer、线宽为——ByLayer。命令行中多线的设置为"当前设置：对正＝无,比例＝2.40,样式＝轴线-墙线"。选择"绘图(D)"→"多线(U)"命令,根据命令行提示,进行如下操作。

> 命令：_mline
>
> 当前设置：对正 ＝ 无,比例 ＝ 2.40,样式 ＝ 轴线-墙线
>
> 指定起点或［对正(J)/比例(S)/样式(ST)］://单击中点捕捉点,如图 4-6(e)所示
>
> 指定下一点：4 //输入 4,十字光标放在中点上方,按回车键
>
> 指定下一点或［放弃(U)］://按回车键结束命令操作,得到图 4-6(f)

（4）完善。分解图 4-5(f),单击"标注"工具栏中的"特性匹配"按钮 ,选择源对象为任一属于"中粗投影线"图层的图素,目标对象选择为窗框顶剖面投影(此时所属为"细投影线"图层),操作后使门框顶部剖面图图素属于"中粗投影线"图层,如图 4-2(b)所示。

使用分解命令,单击"标注"工具栏中的"特性匹配"按钮 ,改变轴线所在图层为"中心线"图层。

7）绘制楼板剖面图

设置当前图层为"中粗投影线"图层；在"特性"工具栏中设置颜色为 ■ByLayer、线型为——ByLayer、线宽为——ByLayer。命令行中多线的设置为"当前设置：对正＝上,比例＝1.20,样式＝墙线"。选择"绘图(D)"→"多线(U)"命令,根据命令行提示,进行如下操作。

> 命令：_mline
>
> 当前设置：对正 ＝ 上,比例 ＝ 1.20,样式 ＝ 墙线
>
> 指定起点或［对正(J)/比例(S)/样式(ST)］://单击 B 点,如图 4-7(a)所示
>
> 指定下一点://单击 C 点,如图 4-7(a)所示
>
> 指定下一点或［放弃(U)］://按回车键结束命令操作,得到图 4-7(b)所示的 BC 间楼板剖面图

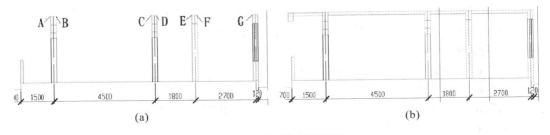

图 4-7　绘制楼板剖面图

参考上述方法、步骤,依次可得到如图 4-7(b)所示的 DC 间、FG 间楼板剖面图。

阳台楼板剖面图的绘制方法同上,命令行中多线的设置为"当前设置：对正＝下,比例＝1.20,样式＝墙线",起点选 A 点,终点需输入 13,此时十字光标需放在 A 点左边并按回车键,即

得 AH 楼板。再使用移动命令,向下移动距离为 30mm(输入 0.3),即得如图 4-7 所示的阳台楼板剖面图。再使用多线命令,绘制阳台连梁剖面图,尺寸为 200mm×350mm。

8) 完善

(1) 图形完善。使用修剪命令,修剪楼板与梁交叉部位,如图 4-8 所示。

设置当前图层为"细投影线"图层;在"特性"工具栏中设置颜色为 ■ ByLayer、线型为——ByLayer、线宽为——ByLayer。使用直线命令绘制阳台栏板、挑梁、室外散水、室内墙体、门等的投影线,如图 4-8 所示。

使用拉伸、圆角、修剪、直线、特性匹配等命令修改阳台地平线标高至-0.030 位置,如图 4-8 所示。

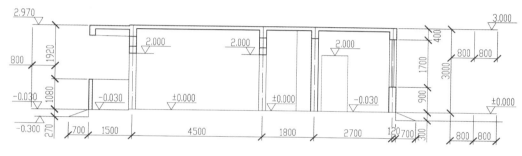

图 4-8 完善图形

(2) 标高标注。设置当前图层为"文本尺寸"图层;在"特性"工具栏中设置颜色为 ■ ByLayer、线型为——ByLayer、线宽为——ByLayer。其方法、步骤可参考"实训2/任务1/四、实训指导/6.标注标高",进行图 4-7 中的标高绘制、编辑,得到图 4-8。

(3) 尺寸标注。设置"建筑制图(1-100)"标注样式为当前样式。使用线性、连续、基线等命令,标注如图 4-8 所示的尺寸。注意左右尺寸界线上标注标高的绘制方法,其中的 800 间距是指标注标高的标高线的绘制长度,非一层所要标注的尺寸线。

6. 绘制五层建筑剖面图

单击"修改"工具栏上的"矩形阵列"按钮 ⊞,根据命令提示进行如下操作。

命令:_arrayrect
选择对象://单击选择框第一点
选择对象:指定对角点://单击选择框对角点
选择对象:找到 3 个
选择对象://继续单击下一个选择框第一点
选择对象:指定对角点://单击选择框对角点
选择对象:指定对角点:找到 21 个(5 个重复),总计 116 个
选择对象://按回车键,结束命令选择,如图 4-9 所示的虚线部分为所有选择对象
类型 = 矩形 关联 = 是
为项目数指定对角点或 [基点(B)/角度(A)/计数(C)]<计数>://按回车键,选择默认<计数>
输入行数或 [表达式(E)]<4>:5//输入 5,按回车键
输入列数或 [表达式(E)]<4>:1//输入 1,按回车键

指定对角点以间隔项目或 [间距(S)] <间距> : s //输入 s,按回车键

指定行之间的距离或 [表达式(E)] < 49.2> : 30 //输入 30,按回车键

按 Enter 键接受或 [关联(AS)/基点(B)/行(R)/列(C)/层(L)/退出(X)] <退出> : //按回车键,结束命令操作,如图 4-10 所示

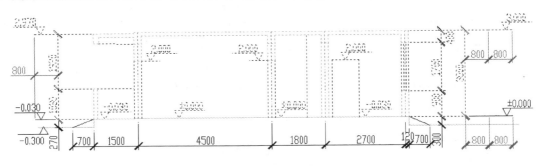

图 4-9　选择对象

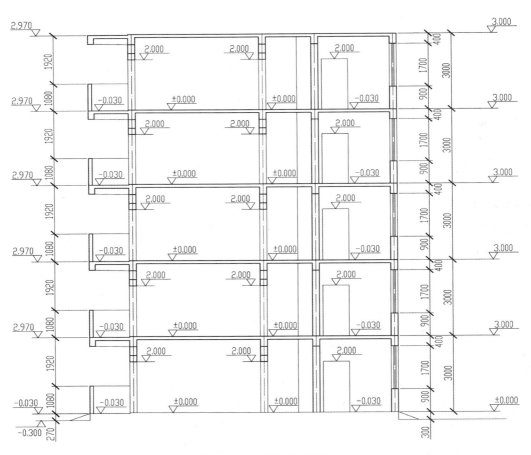

图 4-10　五层建筑剖面图

1) 标高修改

单击二层中需要修改的标高,如图 4-11 所示。在其中一个数字上双击。此时弹出多行文字

属性对话框,单击其中的"内容"选项按钮 ⬚ ,弹出"文字格式"对话框,在文本框中对其选定的标高文本进行修改,单击"确定"后再进行下一个选定的文本修改。修改完成后,关闭多行文字属性对话框。此时二层修改过的标高如图 4-1 所示。

按照二层标高的修改方法、步骤,修改其他层的标高,得到如图 4-1 所示的标高。

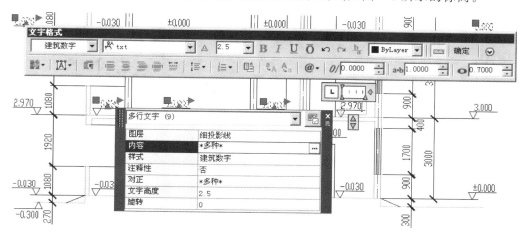

图 4-11 "文字格式"对话框

2)完善屋顶

完善图 4-10 中的阳台雨篷。使用拉伸命令,将雨棚板、雨篷连梁向上拉伸 30mm(输入 0.3)至楼层屋顶平齐;再将雨篷梁由 200mm 拉伸至 240mm,结果如图 4-1 中的阳台雨篷所示。

完善女儿墙。在"中粗投影线"图层中,使用多线、直线命令绘制被剖切到的女儿墙(外纵墙处)剖面图;在"细投影线"图层中,使用直线命令绘制山墙处女儿墙剖面图,结果如图 4-1 所示。

完善图 4-9 所示的屋顶面剖面图。在"细投影线"图层中,依据屋顶平面图中相关尺寸,使用直线命令绘制屋面檐沟、建筑找坡等的剖面图,结果如图 4-1 所示。

3)标注尺寸

(1)带轴线符号的尺寸标注。

其方法、步骤可参考"实训 2/任务 1/四、实训指导/5.标注与编辑尺寸"。

(2)其他尺寸标注。

设置"建筑制图(1-100)"标注样式为当前尺寸标注样式。设置当前图层为"文本尺寸"图层;在"特性"工具栏中设置颜色为 ■ ByLayer、线型为——ByLayer、线宽为——ByLayer。

使用线性标注命令标注建筑总高尺寸,结果如图 4-1 所示。

使用线性标注 ⊢⊣、连续标注 ⊢⊦⊣ 命令编辑屋顶处定位、定形尺寸标注。使用分解命令分解该标注。依次双击图 4-12 所示的尺寸界线,弹出直线下拉列表框,将"文本尺寸"图层改为"中心线"图层,结束对话框操作,结果如图 4-1 所示。

使用线性命令补缺未标注尺寸,直至达到图 4-1 所示的所有尺寸标注要求。

4)标注与编辑文本

设置"建筑数字"为当前文本样式,设置当前图层为"文本尺寸"图层;在"特性"工具栏中设置颜色为 ■ ByLayer、线型为——ByLayer、线宽为——ByLayer。根据《建筑制图标准》(GB/T

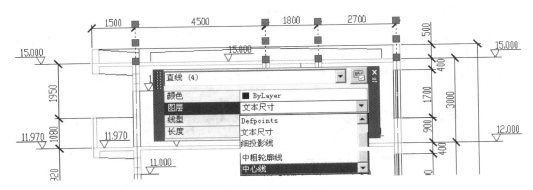

图 4-12 直线对话框

50104—2010)中的要求设置字高,其方法、步骤可参考"实训 2/任务 1/四、实训指导/4.标注与编辑文本"编辑文本,结果如图 4-1 所示。

7. 效果

启用状态栏中的"显示/隐藏线宽"功能 ＋ ,立面效果如图 4-13 所示。

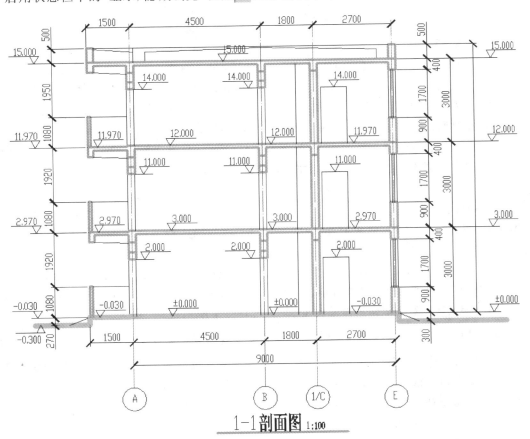

1-1 剖面图 1:100

图 4-13 最终效果图

8. 保存图形文件

单击"保存"按钮 ▣，保存文件。单击界面右上角的关闭按钮 ⨯，退出 AutoCAD 界面。

任务 2 绘制带楼梯剖面建筑施工图

一、实训任务

绘制如图 4-14 所示的某住宅楼带楼梯的建筑剖面施工图。其图层按表 4-1 中的要求进行设置。构造组成的定位、定形尺寸可参考某住宅楼的建筑平面施工图。

二、专业能力

绘制带楼梯的建筑剖面施工图的能力，以及对此进行文件管理的能力。

三、CAD 知识点

绘图命令：多线（Mutiline）。
修改命令：阵列（Array）。

四、实训指导

1. 建立图形文件

建立"实训 4-任务 2. dwg"图形文件。具体可参考"实训 1-任务 2. dwg"图形文件的建立方法。

2. 建立图层

根据表 4-1 所示的图层要求设置图层。具体设置方法、步骤可参考"实训 1/任务 1/四、实训指导/5. 建立图层"所述。

3. 设置状态栏

设置"对象捕捉"。启用对象捕捉模式中的"端点（E）" ☑端点(E)、"中点（M）" ☑中点(M)、"垂足（P）" ☑垂足(P)、"延长线（X）" ☑延长线(X)、"最近点（R）" ☑最近点(R)。启用状态栏中的"正交（Ortho）"功能和"对象捕捉"功能。

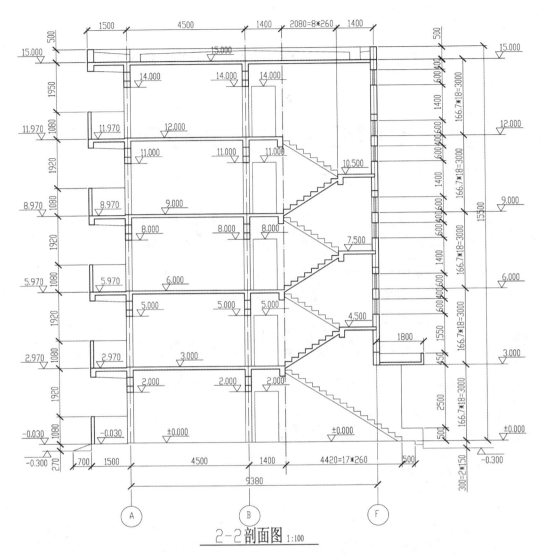

图 4-14　某住宅楼带楼梯的建筑剖面施工图

4. 创建文字、标注、多线样式

其方法、步骤、所需建立的相关样式同"实训 4/任务 1/四、实训指导/4. 创建文字、标注、多线样式"。

5. 绘制一层剖面

一层剖面按 1：100 比例绘制。

1）绘制室内外地平线

设置当前图层为"地平线"图层；在"特性"工具栏中设置颜色为 ■ ByLayer、线型为——ByLayer、线宽为——ByLayer。使用直线命令，按图 4-14 及图 4-15（a）所示尺寸从左到右依次绘制,得到图 4-15(a)。

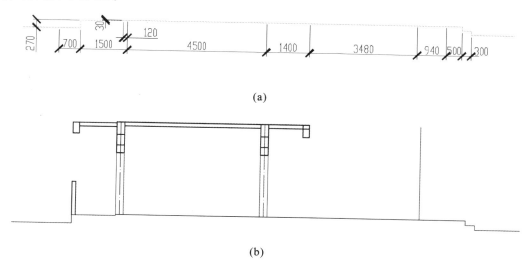

(a)

(b)

图 4-15 绘制室内外地平线

2）绘制阳台

其方式、步骤同"实训 4/任务 1/四、实训指导/5.绘制一层剖面/2)绘制阳台",绘制结果如图 4-15(b)所示。

3）绘制 A 轴墙剖面图

其方式、步骤同"实训 4/任务 1/四、实训指导/5.绘制一层剖面/3)绘制 A 轴墙剖面图",绘制结果如图 4-15(b)所示。

4）绘制 B 轴墙剖面图

其方式、步骤同"实训 4/任务 1/四、实训指导/5.绘制一层剖面/4)绘制 B 轴墙剖面图",绘制结果如图 4-15(b)所示。

5）绘制 F 轴剖面图

设置当前图层为"中心线"图层;在"特性"工具栏中设置颜色为■ByLayer、线型为—·—ByLayer、线宽为——ByLayer。使用直线命令绘制长度为 3050mm 的直线,绘制结果如图 4-15(b)所示。

6）绘制楼板剖面图

其方式、步骤同"实训 4/任务 1/四、实训指导/5.绘制一层剖面/7)绘制楼板剖面图",绘制结果如图 4-15(b)所示。

7）绘制楼梯平台梁

设置当前图层为"中粗投影线"图层;在"特性"工具栏中设置颜色为■ByLayer、线型为——ByLayer、线宽为——ByLayer。命令行中多线的设置为"当前设置:对正＝上,比例＝2.00,样式＝墙线-终闭"。选择"绘图(D)"→"多线(U)"命令,根据命令行提示,进行如下操作。

命令:_mline

当前设置:对正＝ 上,比例＝ 2.00,样式＝墙线-终闭

指定起点或［对正(J)/比例(S)/样式(ST)］:单击楼梯二层平台板右上端点

指定下一点:4 //输入 4,十字光标放在起点下方,按回车键

指定下一点或［放弃(U)］://按回车键结束命令操作,得到图 4-15(b)

8）完善

图形完善、标高标注、尺寸标注的具体方法、步骤同"实训4/任务1/四、实训指导/5.绘制一层剖面/8)完善"的相关部分。

绘制结果如图4-16相应部分所示。

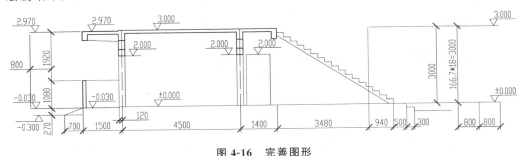

图4-16 完善图形

9）绘制楼梯间

（1）绘制楼梯间一楼、二楼梯段剖面图。

设置当前图层为"中粗投影线"图层；在"特性"工具栏中设置颜色为 ■ByLayer、线型为——ByLayer、线宽为——ByLayer。

使用直线命令在图4-17所示的二楼楼梯休息平台板上以右端点为起点，绘制一组踏步，如图4-17(a)所示。使用复制命令，复制该一组踏步（复制8次），得到图4-17(b)。

使用多线命令，绘制二楼休息平台板剖面图。此时，命令行中多线的设置为"当前设置：对正＝上，比例＝1.20，样式＝墙线-终闭"；起点为A点，长度如图4-16(c)所示的尺寸，结果如图4-17(c)所示。

使用多线命令，绘制二楼休息平台梁剖面图。此时，命令行中多线的设置为"当前设置：对正＝下，比例＝2.00，样式＝墙线-终闭"；起点为A点，长度如图4-17(c)所示的尺寸。结果如图4-17(c)所示。

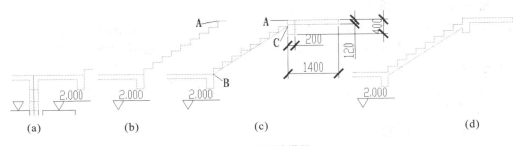

(a)　　　　　　(b)　　　　　　(c)　　　　　　(d)

图4-17 绘制楼梯间一

使用直线命令，绘制梯段板下缘线。其中，起点为B点，端点为C点，结果如图4-17(c)所示。并使用移动命令，垂直向下移动100mm，得到梯段板下缘线剖面图，如图4-17(d)所示。

使用分解、修剪、删除等命令完善图4-17(c)中的各个组成部分的图形，结果如图4-17(d)所示。

使用镜像命令，镜像图4-17中的梯段，得到的结果如图4-18(a)所示。其中，AD为镜像线。

单击"特性匹配"按钮 ，使得第二梯段的所在图层变为"细投影线"图层，并连续复制该梯段2

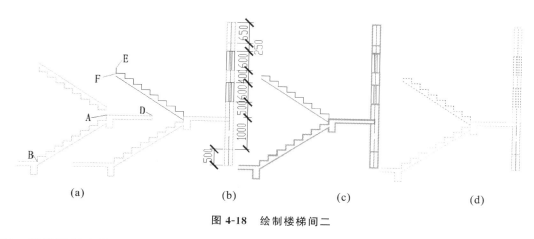

(a)   (b)   (c)   (d)

图 4-18   绘制楼梯间二

次至一楼梯段相应位置。其中,复制对象 EF 不选,复制基点为 E 点;复制第二点为 B 点,根据提示选择第二次复制点。再次使用复制命令,补齐最后一个踏步;使用拉伸命令补全梯段底板线,结果如图 4-16 所示的一楼梯段。完成后删除 EF,如图 4-18(c)所示。

（2）绘制 F 轴墙体。使用多线命令绘制 F 轴墙体,此时,命令行中多线的设置为"当前设置:对正＝无,比例＝2.40,样式＝轴线-墙线(或轴线,根据需要)";第一个起点可选择 D 点,后面每段起点可选用多线封闭端的中点。长度如图 4-18(b)所示,结果如图 4-17(b)所示。

使用分解命令,单击"标准"工具栏中的"特性匹配"按钮,改变轴线所在图层为"中心线"图层。

单击状态栏中的宽度按钮,此时楼梯间的 2 层梯段及休息平台、F 轴轴线及部分墙体的剖面效果图如图 4-18(c)所示。

6. 绘制五层建筑剖面图

1）非楼梯间部分

单击"修改"工具栏中的"矩形阵列"按钮,根据命令行提示完成图 4-19 中所选对象(图中显示为虚线部分)的阵列,结果为图 4-20 中的相应部分。其中,阵列行数为 5,阵列列数为 1,行间距为 3000mm(输入为 30),操作过程同"实训 4/任务 1/四、实训指导/6.绘制五层建筑剖面图"。

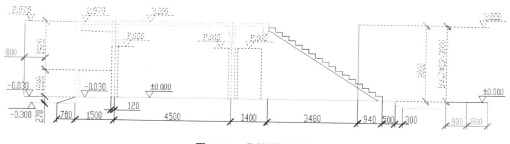

图 4-19   非楼梯间部分

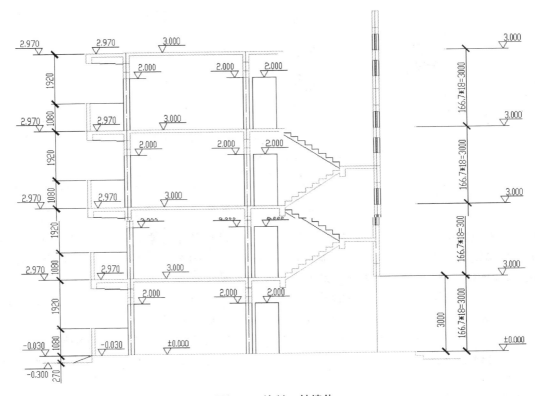

图 4-20　绘制 F 轴墙体

2）楼梯间

（1）绘制楼梯间梯段及休息平台、平台梁。单击"修改"工具栏中的"矩形阵列"按钮，根据命令行提示完成图 4-18（d）中所选对象（图中显示为虚线部分，含梯段、梯梁、休息平台板等）的阵列，结果为图 4-20 中的相应部分。其中，阵列行数为 3，阵列列数为 1，行间距为 3000mm（输入为 30），操作过程同"实训 4/任务 1/四、实训指导/6.绘制五层建筑剖面图"。

（2）绘制 F 轴墙体。单击"修改"工具栏中的"矩形阵列"按钮，根据命令行提示完成图 4-18（d）所选对象（图中显示为虚线部分，即 F 轴在休息平台板以上的墙体）的阵列，结果为图 4-20 中的相应部分。其中，阵列行数为 4，阵列列数为 1，行间距为 3000mm（输入为 30），操作过程同"实训 4/任务 1/四、实训指导/6.绘制五层建筑剖面图"。

3）完善

得到图 4-20 后，进行如下修改，得到图 4-14。

（1）标高修改。其方式、步骤同"实训 4/任务 1/四、实训指导/6.绘制五层建筑剖面图/1）标高修改"，标高修改结果如图 4-14 所示。

（2）屋顶完善。其方式、步骤同"实训 4/任务 1/四、实训指导/6.绘制五层建筑剖面图/2）屋顶完善"，屋顶完善结果如图 4-14 所示。

（3）标注尺寸。其方式、步骤同"实训 4/任务 1/四、实训指导/6.绘制五层建筑剖面图/3）标注尺寸"，尺寸如图 4-14 所示。

（4）标注与编辑文本。其方式、步骤同"实训 4/任务 1/四、实训指导/6.绘制五层建筑剖面图/4)标注与编辑文本"，文本结果如图 4-14 所示。

（5）图形补缺。如图 4-20 中所示的五层平台梁、二层处的雨篷、楼梯处的入口处理等，可灵活运用所学 CAD 命令，进行补缺、绘制。

7. 效果

启用状态栏中"显示/隐藏线宽" + 功能，立面效果如图 4-21 所示。

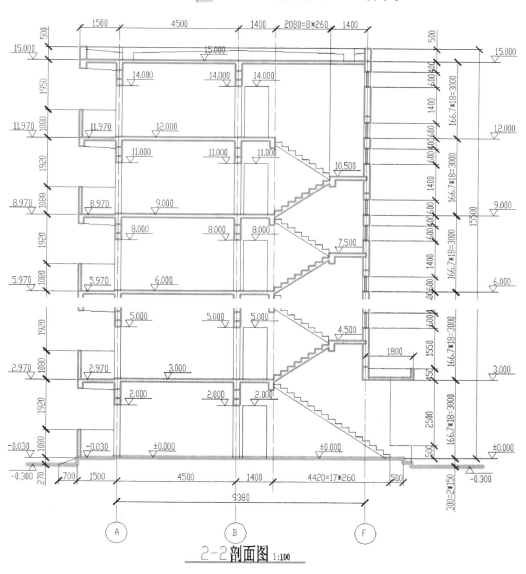

图 4-21　最终效果图

8. 保存图形文件

单击"保存"按钮，保存文件。单击界面右上角的关闭按钮 x ，退出 AutoCAD 界面。

实训 5

建筑详图的绘制

☆ **项目任务**

绘制某住宅楼的建筑大样施工图(详见各个任务成果,或配套教材《建筑 CAD》中附录 A)。

☆ **专业能力**

绘制建筑详图的能力,以及对此进行文件管理的能力。

任务 1 绘制建筑楼梯详图

一、实训任务

绘制如图 5-1、图 5-2(a)所示的某住宅楼楼梯施工大样图。其图层按表 5-1 的要求进行设置。构造组成的定位、定形尺寸可参考某住宅楼的建筑平面施工图、建筑立面施工图和建筑剖面施工图。

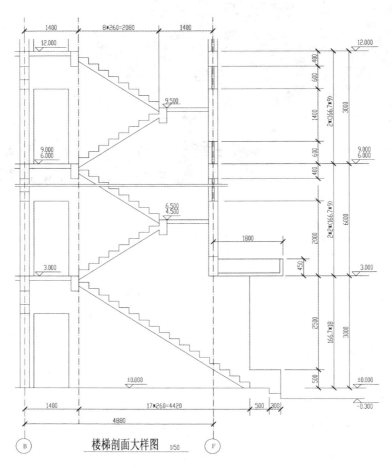

图 5-1　某住宅楼楼梯施工大样图

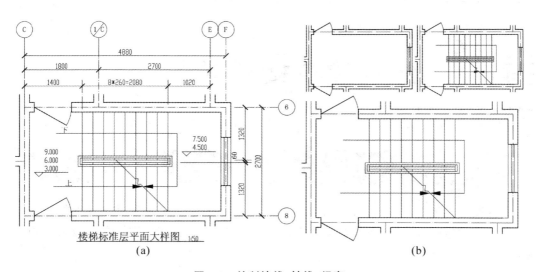

图 5-2　绘制墙线、轴线、门窗

表 5-1　图层设置

名　称	颜　色	线　型	线　宽	备　注
中心线	红色■	ACAD_IS04W100（点画线）	0.2mm	
地平线	青色■	Continuous（实线）	1.2mm	
粗投影线	白色□	Continuous（实线）	0.6mm	
细投影线	白色□	Continuous（实线）	0.2mm	
文本尺寸	白色□	Continuous（实线）	0.2mm	
辅助线	洋红■	Continuous（实线）	0.2mm	
块	白色□	Continuous（实线）	0.2mm	
其他	蓝色■	Continuous（实线）	0.2mm	根据需要设置

二、专业能力

绘制建筑详图的能力，以及对此进行文件管理的能力。

三、CAD 知识点

绘图命令：多线（Mline）。

修改命令：缩放（Scale）、阵列（Arrayrect）。

菜单栏：格式（标注样式（Dimstyle）（1-50 大比例））、标注。

四、实训指导

1. 建立图形文件

建立"实训 5-任务 1.dwg"图形文件。具体可参考"实训 1-任务 2.dwg"图形文件的建立方法。

2. 建立图层

根据表 5-1 中的图层要求，进行图层设置。具体的设置方法、步骤可参考"实训 1/任务 1/四、实训指导/5. 建立图层"所述。

3. 设置状态栏

设置"对象捕捉"。启用对象捕捉模式中的"端点（E）" □ ☑端点(E)、"中点（M）" △ ☑中点(M)、"垂足（P）" ⅃ ☑垂足(P)、"延长线（X）" … ☑延长线(X)、"最近点（R）" ☒ ☑最近点(R)。启用状态栏中的"正交（Ortho）" ⅃ 功能和"对象捕捉" □ 功能。

4. 创建文字

其方法、步骤、需建立的相关样式同"实训 4/任务 1/四、实训指导/4. 创建文字、标注、多线样式"。

5. 绘制楼梯标准层建筑平面大样图

1）绘制墙线、轴线、门窗

墙线、轴线、门窗的绘图比例为 1：100，绘制墙线、轴线、门、窗，其方法同"实训 2/任务 2/四、实训指导/4～7"，结果如图 5-2(b)中左上图所示。

2）绘制梯段、梯井、扶手

梯段、梯井、扶手的绘图比例为 1：100。

(1) 绘制梯井、扶手。创建扶手多线样式。其方法、步骤可参考"实训 1/任务 6/四、实训指导/9. 绘制一梯两户平面图/1)完善楼梯间/(1)设置'轴线-墙线'多线样式(Mlstyle)"。此时端点不闭合，轴线设置同墙线，如图 5-3(a)所示。

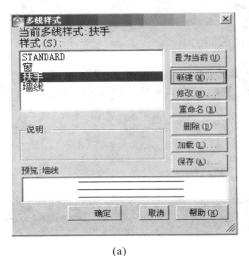
(a)

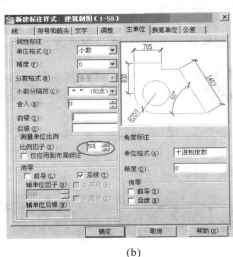
(b)

图 5-3　创建多线样式

使用直线命令，在"辅助线"图层绘制 1400mm 辅助线，如图 5-4(a)所示。再使用多线命令，绘制梯井、扶手。此时，命令行中多线的设置为"当前设置：对正＝下，比例＝1.00，样式＝扶手"。使用多线命令，根据命令行提示进行如下操作，结果如图 5-4(a)所示。

```
命令：_mline
当前设置：对正 = 下，比例 = 1.00,样式 = 扶手
指定起点或 [对正(J)/比例(S)/样式(ST)]://单击辅助线右端点
指定下一点：0.3 //输入 0.3,十字光标放在起点上方,按回车键
指定下一点或 [放弃(U)]:20.8 //输入 20.8,十字光标放在上一点右方,按回车键
指定下一点或 [闭合(C)/放弃(U)]:0.6 //输入 0.6,十字光标放在上一点下方,按回车键
指定下一点或 [闭合(C)/放弃(U)]:20.8 //输入 0.6,十字光标放在上一点左方,按回车键
指定下一点或 [闭合(C)/放弃(U)]:c //输入 c,十字光标放在上一点上方,按回车键
```

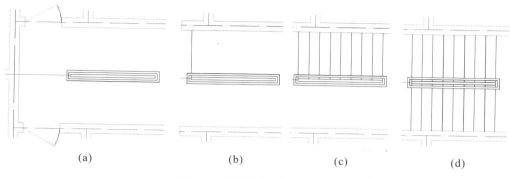

图 5-4　绘制梯段、梯井、扶手

（2）绘制梯段。

使用直线命令，在"细投影线"图层绘制 1200mm 长的踏步高度线，起点为梯井左上角点，端点为其在梯墙上的垂直捕捉点。并使用修剪命令，修剪掉被扶手覆盖的部分，结果如图 5-4(b) 所示。

使用阵列命令，绘制梯段平面。此时，列数为 9 列，行数为 1 行，间距为 260mm（输入为 2.6），结果如图 5-4(c) 所示。再使用镜像命令，镜像图 5-4(c) 中的梯段平面图，其中镜像线为辅助线，结果如图 5-4(d) 所示。

（3）完善。

使用直线、断点、删除、多段线等命令，完成楼梯间标准层平面图，如图 5-2(b) 中右上图所示。

3）标准层楼梯施工大样图

（1）比例转变。单击"缩放"按钮 ![button]，将图 5-2(b) 右上图的图形扩大 1 倍，结果如图 5-2 (b) 中下图所示，其绘图比例为 1：50。

（2）标注与编辑文本。其方法、步骤同"实训 2/任务 1/四、实训指导/4.标注与编辑文本"，结果如图 5-2(a) 所示。

（3）标注与编辑尺寸。其方法、步骤同"实训 2/任务 1/四、实训指导/5.标注与编辑尺寸"，结果如图 5-2(a) 所示。此时，所需建立的所有标注样式中，名称加入"1-50"标记，如"建筑制图 (1-100)"命名为"建筑制图(1-50)"，并且在"主单位"选项卡中的"比例因子(E)"文本框中输入 50，如图 5-3(b) 所示。

（4）标注标高。其方法、步骤同"实训 2/任务 1/四、实训指导/6.标注标高"，结果如图 5-2 (a) 所示。

6. 绘制楼梯其他层建筑平面大样图

其方法、步骤可参考上述"5.绘制楼梯标准层建筑平面大样图"。

7. 绘制楼梯剖面施工大样图

1）绘制楼梯剖面大样图

绘制比例为 1：100，其方法、步骤同"带楼梯剖面建筑施工图"中所涉及的图形绘制。

2）绘制楼梯剖面施工大样图

（1）比例转变。同上述"5.绘制楼梯标准层建筑平面大样图"相应部分,结果如图 5-1 所示图形。

（2）标注与编辑文本。其方法、步骤同"实训 2/任务 1/四、实训指导/4.标注与编辑文本",结果如图 5-1 所示文本。

（3）标注与编辑尺寸。其方法、步骤同"带楼梯剖面建筑施工图"中尺寸标注与编辑部分,结果如图 5-1 所示尺寸。此时,所需建立的所有标注样式中,名称加入"1-50"标记,如"建筑制图（1-100）"命名为"建筑制图（1-50）",并且在"主单位"选项卡中的"比例因子（E）"文本框中输入50,如图 5-3（b）所示。

（4）标注标高。其标注标高方法、步骤同"实训 2/任务 1/四、实训指导/6.标注标高",修改标高同"实训 4/任务 1/四/6.绘制五层建筑剖面图/1）标高修改",标高结果如图 5-1 所示。

8.保存图形文件

单击"保存"按钮 ▣ ,保存文件。单击界面右上角的关闭按钮 ✕ ,退出 AutoCAD 界面。

任务 2 绘制建筑墙体大样图

一、实训任务

绘制某住宅楼墙体施工大样图,如图 5-5（a）所示。其图层按表 5-1 中的要求进行设置。构造组成的定位、定形尺寸可参考某住宅楼的建筑平面施工图、建筑立面施工图、建筑剖面施工图。

二、专业能力

绘制建筑墙体施工大详图的能力,以及对此进行文件管理的能力。

三、CAD 知识点

绘图命令:图案填充（Bhatch）。

修改命令:偏移（Offset）、圆角（Fillet）、移动（Move）、缩放（Scale）。

菜单栏:格式（标注样式标注样式（Dimstyle）（1-20 大比例））、标注。

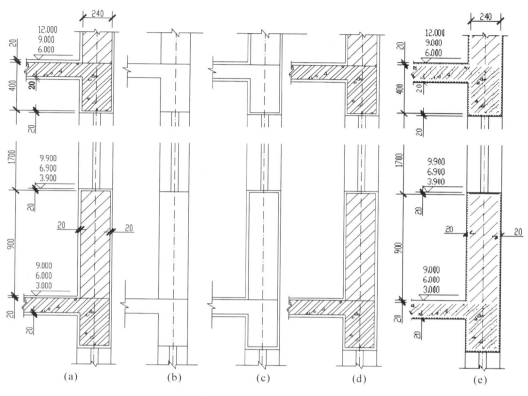

图 5-5　建筑墙体大样图

四、实训指导

1. 建立图形文件

建立"实训 5-任务 2. dwg"图形文件。具体可参考"实训 1-任务 2. dwg"图形文件的建立方法。

2. 建立图层

根据表 4-1 中的图层要求,进行图层设置。具体设置方法、步骤可参考"实训 1/任务 1/四/5. 建立图层"所述。

3. 设置状态栏

设置"对象捕捉"。启用对象捕捉模式中的"端点(E)" ☑端点(E)、"中点(M)" ☑中点(M)、"垂足(P)" ☑垂足(P)、"延长线(X)" ☑延长线(X)、"最近点(R)" ☑最近点(R)。启用状态栏中的"正交(Ortho)" 功能和"对象捕捉" 功能。

4．创建文字样式

其方法、步骤、需建立的相关样式同"实训 4/任务 1/四、实训指导/4.创建文字、标注、多线样式"。

5．绘制无装饰线墙体图

其方法、步骤可参考"实训 4/任务 1"，先用 1：100 比例绘制，然后用缩放命令放大成 1：20比例图形，结果如图 5-5(b)所示。

6．绘制墙体施工大样图

1）绘制装饰线

使用偏移命令，绘制装饰层。偏移对象为上述所绘图形文件的外框线；偏移距离为 20mm（输入 1）。

使用"圆角"命令使所绘装饰层投影线在转角处垂直相交。

使用"特性匹配"命令将在"粗投影线"图层的装饰层投影线修改成在"细投影线"图层。

使用移动命令，使窗框线移至装饰线位置，如图 5-5(c)所示。

2）材料填充

在"辅助"图层运用"图案填充…"命令按照"建筑制图标准"中要求的图例，填充图 5-5(d)中所显示材料的图案。

7．标注尺寸、编辑标高

标注尺寸、文本、标高，并进一步完善，结果如图 5-5(a)所示。启用状态栏中的"显示/隐藏线宽" 功能，结果如图 5-5(e)所示。

8．保存图形文件

单击"保存"按钮 ，保存文件。单击界面右上角的关闭按钮 ，退出 AutoCAD 界面。

实训 6

建筑施工说明、图纸目录的编制

学习目标
○ ○ ○ ○

任务 1 编制建筑施工说明
○ ○ ○

一、实训任务

编制某住宅建筑施工说明(详见配套教材《建筑 CAD》中附录 A)。

二、专业能力

编制某住宅建筑施工说明,以及对此进行文件管理的能力。

三、CAD 知识点

绘图命令：多样文字(Mtext)。

四、实训指导

1. 建立图形文件

建立"实训6/任务1.dwg"图形文件。具体可参考"实训1-任务2.dwg"图形文件的建立方法。

2. 建立图层

根据需要，设置文本尺寸图层，按前述"文本尺寸"图层的设置要求进行设置。并设置"文本尺寸"为当前图层。

3. 在 Word 文档里编写

先在 Word 文档里编写施工说明，并复制文档中的所有内容，打开 AutoCAD 界面，使用粘贴命令即可复制在 AutoCAD 图形文件中。

粘贴时，有两种不同的方式。一种方式是直接在 AutoCAD 界面中右击，在弹出的快捷菜单中选择粘贴命令，在命令行中"指定插入点："提示下，单击绘图界面选择插入点，AutoCAD 绘图界面上将弹出如图 6-1 所示的"OLE 文字大小"对话框，在此对话框中可对所粘贴的文字进行编辑；单击"确定"按钮，将在 AutoCAD 界面上出现如图 6-2 所示的文本形式。对文本进行修改时，双击图 6-2 所示的文本，界面将回到 Word 界面，在此界面中即可对文本进行修改、编辑。另一种方式是在 AutoCAD 界面上先打开"文字格式"编辑框，在此对话框里再进行文本粘贴；文本修改时，与多行文字的修改相同。

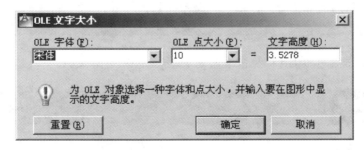

图 6-1 "OLE 文字大小"对话框

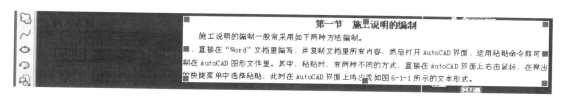

图 6-2　在 Word 界面上修改、编辑文字

4. 在"文字格式"编辑框里编写

在 AutoCAD 2012 绘图界面中,直接使用"多行文字"命令,打开"文字格式"编辑框,在此编辑框中编写、编辑建筑施工说明。

5. 保存图形文件

单击"保存"按钮，保存文件。单击界面右上角的关闭按钮，退出 AutoCAD 界面。

任务 2 编制建筑施工图表格

一、实训任务

编制如图 6-13 所示的某住宅图纸目录。

二、专业能力

编制某住宅图纸目录,以及对此进行文件管理的能力。

三、CAD 知识点

绘图命令:表格(Table)。

菜单栏:格式(表格样式)。

标准:特性匹配、特性。

四、实训指导

1. 建立图形文件

建立"实训6-任务2.dwg"图形文件。具体可参考"实训1-任务2.dwg"图形文件的建立方法。

2. 建立图层

根据需要,设置文本尺寸图层,按前述"文本尺寸"图层设置的要求进行设置。并设置"文本尺寸"为当前图层。

3. 创建"图纸目录"表格样式

选择"格式(O)"→"表格样式(B)…"命令。弹出"表格样式"对话框,如图6-3(a)所示。

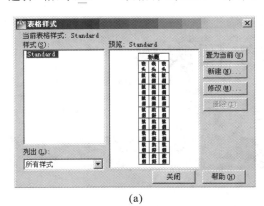 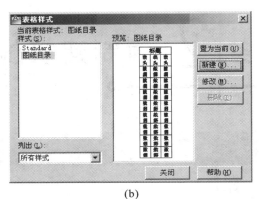

(a)　　　　　　　　　　　　　(b)

图6-3　设置表格样式

单击图6-3(a)对话框中的"新建(N)…"按钮,弹出"创建新的表格样式"对话框,并按如图6-4所示设置,单击"确定"按钮,弹出"新建表格样式:图纸目录"对话框。

图6-4　"创建新的表格样式"对话框

1)图纸目录"标题"选项设置

依次如图6-5所示设置"常规"选项卡,如图6-6所示设置"文字"选项卡,如图6-7所示设置"边框"选项卡。

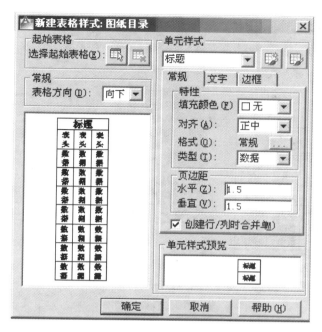

图 6-5 "常规"选项卡

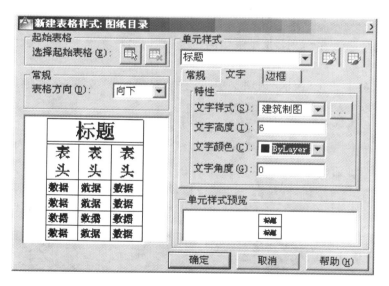

图 6-6 "文字"选项卡

2）图纸目录"表头"选项设置

（1）"常规"选项卡。在"常规"选项卡中不选中"创建行/列时合并单元(M)"复选框，其他选项设置如图 6-5 所示。

（2）"文字"选项卡。在"文字"选项卡中"文字高度(I)"文本框中输入"5"，其他选项设置如图 6-6 所示。

（3）"边框"选项卡。在"边框"选项卡中不选中"双线(U)"复选框，其他选项设置如图 6-7 所示。

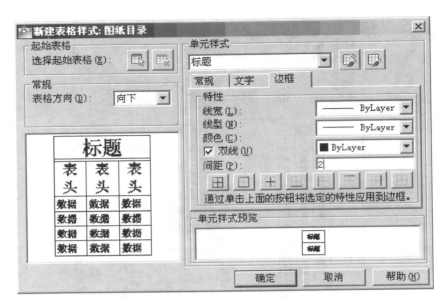

图 6-7　"边框"选项卡

3）图纸目录"数据"选项

（1）"常规"选项卡。在"常规"选项卡中的"对齐（A）"下拉列表框中选择"左中"，不选中"创建行/列时合并单元（M）"复选框，其他选项设置如图 6-5 所示。

（2）"文字"选项卡。在"文字"选项卡中的"文字高度（I）"文本框中输入"3.5"，其他选项设置如图 6-6 所示。

（3）"边框"选项卡。在"边框"选项卡中不选中"双线（U）"复选框，其他选项设置如图 6-7 所示。

4）把"图纸目录"表格样式设置为当前表格样式

在"新建表格样式：图纸目录"对话框中完成了上述操作后，单击"确定"按钮，关闭该对话框，回到"表格样式"对话框，如图 6-3（b）所示。在图 6-3（b）所示的"样式（S）"栏选中"图纸目录"，单击"置为当前（U）"按钮，再单击"关闭"按钮，结束创建表格样式操作，回到绘图界面。此时，在"格式"工具栏中"表格样式…"下拉列表框中将显示"图纸目录"表格样式，如图 6-8 所示。

图 6-8　设置"图纸目录"表格样式为当前表格样式

4.　创建"图纸目录"表格

单击"绘图"工具栏中的"表格…"按钮 ⊞。弹出"插入表格"对话框，并按照图 6-9 所示进行设置。

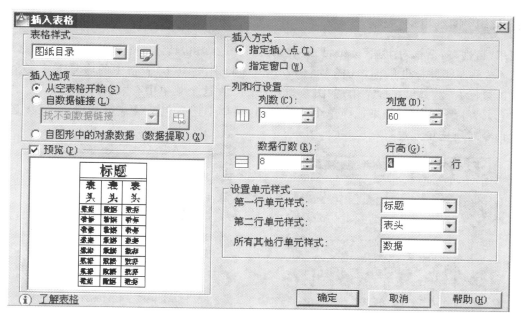

图 6-9　"插入表格"对话框

　　单击"确定"按钮,关闭对话框,回到绘图界面,根据命令行中"指定插入点:"提示,在绘图区合适位置选择一点,此时绘图区出现如图 6-10(a)所示的表格及"文字格式"编辑框。在该编辑框中,编辑图 6-10(a)中的表格中文字,得到图 6-10(b)所示的表格。此时,双击所要编辑文字的单元格即可完成单元格间的切换。

(a)

(b)

图 6-10　编辑表格中的文字

5．编辑"图纸目录"表格

使用"特性"对话框对上述"图纸目录"表格进行修改编辑，具体操作如下。

（1）按住左键并拖曳鼠标，选择多个单元格（如将图 6-10（b）表格中的序号下一列全部选中），单击鼠标右键，弹出快捷菜单，如图 6-11（a）所示，在这个菜单中有"对齐"、"边框…"、"行"、"列"、"合并"等编辑命令，如果选择单个的单元格，菜单中还会包括公式等选项，可直接选择某一编辑命令对所选单元进行相应编辑。

(a)

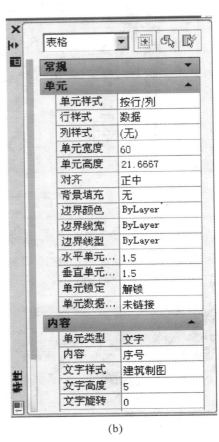

(b)

图 6-11　打开"特性"对话框

（2）选择"特性（S）"命令，弹出"特性"对话框，如图 6-11（b）所示。在对话框中将"单元宽度"改为 20，"单元高度"改为 15，得到图 6-12。

（3）使用"特性"对话框，继续对图 6-8 所示图纸目录进行编辑，最后得到如图 6-13 所示的某住宅图纸目录。

根据编制某住宅楼建筑施工图中的"图纸目录"方法、步骤，可编辑其他（如门窗表等）的表格。

6. 保存图形文件

单击"保存"按钮 📄 ，保存文件。单击界面右上角的关闭按钮 ⊠ ，退出 AutoCAD 界面。

图纸目录		
序号	编号	图纸内容
1	建施-1	建筑施工说明 图纸目录 门窗标
2	建施-2	底层平面图
3	建施-3	标准层平面图
4	建施-4	侧立面图 屋顶平面图
5	建施-5	正立面图
6	建施-6	背立面图
8	建施-7	剖面图 墙大样图
8	建施-8	楼梯大样图

图 6-12 修改单元格的宽度和高度

图纸目录		
序号	编号	图纸内容
1	建施一1	建筑施工说明 图纸目录 门窗表 屋顶平面图
2	建施一2	底层平面图
3	建施一3	标准层平面图
4	建施一4	1～13轴立面图（正立面）
5	建施一5	13～1轴立面图（背里面）
6	建施一6	1—1剖面图 楼梯剖面大样图
8	建施一7	2—2剖面图 墙大样图
8	建施一8	楼梯平面大样图

图 6-13 最终效果

附 录 A

实训任务单

实训 1

1．第 1 周任务一

看书:配套教材《建筑CAD》中"项目1/子项1.1"。

绘制:3600mm×4800mm 的房屋的一层平面图(轴线、墙线)。

重点训练知识点:绘图命令(直线)、修改命令(删除)、标准(特性)、工具栏(图层、特性)、状态栏(正交、线宽、草图设置)等命令。

要求:有操作过程(带痕迹),至少使用两种方法。

参考图层:表 1-1。

参考成果:图 1-1。

2．第 1 周任务二

看书:配套教材《建筑CAD》中"项目1/子项1.2/任务1"。

绘制:3600mm×4800mm、3300mm×4200mm 的房屋的一层平面图(带门窗)。

重点训练知识点:绘图命令(直线,带角度)、修改命令(修剪、移动)等命令。

要求:有操作过程(带痕迹),至少使用两种方法。

参考图层:表 1-1。

参考成果:图 1-23。

3．第 2 周任务一

看书:配套教材《建筑CAD》中"项目1/子项1.2/任务2/(一)"。

绘制:(3600mm×4800mm)×2 和(3300mm×4200mm)×2 房屋的一层平面图。

自选:(X×Y)×2 房屋的一层平面图。

重点训练知识点:修改命令(复制、镜像)。

要求:有操作过程(带痕迹),至少使用两种方法。

参考图层:表1-1。

参考成果:图1-31、图1-36。

4.第2周任务二

看书:配套教材《建筑CAD》中"项目1/子项1.2/任务2/(二)"。

绘制:3600mm×4800mm 和 3300mm×4800mm(或3900mm)一层平面图。

重点训练知识点:绘图命令(多线,直线(捕捉延长点))、修改命令(分解、延伸、拉伸)等命令。

要求:有操作过程(带痕迹),至少使用两种方法。

参考图层:表1-1。

参考成果:图1-37、图1-47。

5.第3周任务一

看书:配套教材《建筑CAD》中"项目1/子项1.2/任务3"。

绘制:某住宅楼一层平面图。

重点训练知识点:绘图命令(圆弧)、修改命令(圆角、旋转)等命令。

要求:有操作过程(带痕迹),至少使用两种方法。

参考图层:表1-1。

参考成果:图1-48、图1-49。

6.第3周任务二

看书:配套教材《建筑CAD》中"项目1/子项1.3"。

绘制:某住宅楼标准层平面图。

重点训练知识点:绘图命令(矩形、多线)、修改命令(偏移)、菜单栏格式("轴线-墙线 ▭▭"、"窗 ▤▤"等多线样式)等命令。

要求:有操作过程(带痕迹),至少使用两种方法。

参考图层:表1-1。

参考成果:图1-56、如图1-66。

7.第4周

看书:配套教材《建筑CAD》中"项目1/子项1.4";

绘制:某住宅楼建筑屋顶平面图。

重点训练知识点:绘图命令(多线(屋顶墙体绘制运用)、多段线、正多边形)、修改命令(缩放)等命令。

要求:有操作过程(带痕迹),至少使用两种方法。

参考图层:表1-2。

参考成果:图1-67、图1-70。

实训 2

8．第 5 周

看书:配套教材《建筑 CAD》中"项目 2/子项 2.1"。

绘制:绘制房屋标准层平面建筑施工图。

重点训练知识点:绘图命令(圆、正多边形(标高)、多行文字、多段线)、菜单栏(格式(文字样式、标注样式)、标注)、标准(特性匹配、特性)等命令。

要求:有操作过程(带痕迹),至少使用两种方法。

参考图层:表 2-1。

参考成果:图 2-1(或详见配套教材《建筑 CAD》中附录 A)。

9．第 6 周

看书:配套教材《建筑 CAD》中"项目 2/子项 2.2"。

绘制:快速绘制房屋标准层平面建筑施工图。

重点训练知识点:创建块、插入块、属性块(写块)等命令。

要求:使用图块、图层等所学知识点,有操作过程(带痕迹),至少使用两种方法。

参考图层:表 2-2。

参考成果:图 2-1(或详见配套教材《建筑 CAD》中附录 A)。

10 第 7 周

看书:配套教材《建筑 CAD》中"项目 2"。

绘制:绘制房屋的一层平面建筑施工图。

重点训练知识点:多段线命令。

要求:有操作过程(带痕迹),至少使用两种方法。

参考图层:表 2-3。

参考成果:图 2-44(或详见配套教材《建筑 CAD》中附录 A)。

11．第 8 周

看书:配套教材《建筑 CAD》中"项目 2"。

绘制:绘制房屋屋顶平面建筑施工图。

重点训练知识点:绘图命令(多线)、修改命令(缩放)、菜单栏(格式(标注样式(1—50 大比例))、标注)等命令。

要求:有操作过程(带痕迹),至少使用两种方法。

参考图层:表 2-4。

参考成果:图 2-49(或详见配套教材《建筑 CAD》中附录 A)。

实训 3

12. 第 9 周

看书:配套教材《建筑 CAD》中"项目 3/子项 3.1、子项 3.2"。

绘制:绘制建筑正立面施工图。

重点训练知识点:绘图命令(多线(大尺寸运用)、矩形)和修改命令(阵列)。

要求:有操作过程(带痕迹),至少使用两种方法。

参考图层:表 3-1。

参考成果:图 3-1、图 3-3(或详见配套教材《建筑 CAD》中附录 A)。

13. 第 9 周

看书:配套教材《建筑 CAD》中"项目 3/子项 3.1、子项 3.3"。

绘制:绘制建筑背立面施工图。

重点训练知识点:绘图命令(多线(大尺寸运用)、矩形)和修改命令(阵列)、格式(多线样式
　　　　　　(Mlstyle))等命令。

要求:有操作过程(带痕迹),至少使用两种方法。

参考图层:表 3-1。

参考成果:图 3-4、图 3-12(或详见配套教材《建筑 CAD》中附录 A)。

实训 4

14. 第 10 周

看书:配套教材《建筑 CAD》中"项目 4/子项 4.1"。

绘制:绘制不带楼梯剖面建筑施工图。

重点训练知识点:绘图命令(多线(各种形式运用)),修改命令(阵列)。标准(特性匹配、特
　　　　　　性(多行文字、直线等单项))。

要求:有操作过程(带痕迹),至少使用两种方法。

参考图层:表 4-1。

参考成果:图 4-1、图 4-12(或详见配套教材《建筑 CAD》中附录 A)。

15. 第 10 周

看书:配套教材《建筑 CAD》中"项目 4/子项 4.1"。

绘制:绘制带楼梯剖面建筑施工图。

重点训练知识点:绘图命令(多线(各种形式运用)),修改命令(阵列)。标准(特性匹配、特
　　　　　　性(多行文字、直线等单项))。

要求:有操作过程(带痕迹),至少使用两种方法。

参考图层:表 4-1。

参考成果:图 4-13、图 4-20(或详见配套教材《建筑 CAD》中附录 A)。

实训 5

16. 第 11 周

看书:配套教材《建筑 CAD》中"项目 5/子项 5.1"。

绘制:绘制建筑楼梯详图。

重点训练知识点:绘图命令(多线(特殊运用))、修改命令(阵列、缩放)、菜单栏(格式(标注样式(1-50 大比例)))、标注)。

要求:有操作过程(带痕迹),至少使用两种方法。

参考图层:表 5-1。

参考成果:图 5-1、图 5-2(a)、配套教材《建筑 CAD》中附录 A 中的楼梯大样图。

17. 第 12 周

看书:配套教材《建筑 CAD》中"项目 5/子项 5.2"。

绘制:绘制建筑墙体大样图。

重点训练知识点:绘图命令(图案填充)、修改命令(偏移、圆角、移动、缩放)、菜单栏(格式(标注样式(1-20 大比例)))、标注)。

要求:有操作过程(带痕迹),至少使用两种方法。

参考图层:表 5-1。

参考成果:图 5-6(e)(或详见配套教材《建筑 CAD》中附录 A)。

实训 6

18. 第 12 周

看书:配套教材《建筑 CAD》中"项目 6/子项 6.1、子项 6.2"。

编制:编制建筑施工说明。

重点训练知识点:绘图命令(多行文字)。

要求:有操作过程(带痕迹),至少使用两种方法。

参考成果:配套教材《建筑 CAD》中附录 A。

19. 第 13 周

看书:配套教材《建筑 CAD》中"项目 6/子项 6.1、子项 6.2"。

编制:编制建筑施工图表格。

重点训练知识点:菜单栏(格式(表格样式))、绘图命令(表格)、标准(特性匹配、特性))。

要求:有操作过程(带痕迹),至少使用两种方法。

参考成果:图 6-13、配套教材《建筑 CAD》中附录 A。

附 录 **B**

实训任务、计划书

项目1:设计、绘制"我的家园"建筑施工图。

项目2:绘制、完善"某宿舍楼"建筑施工图"(提供一套有错误的建筑施工图)。

项目3:测量、绘制"学校老行政楼"建筑竣工图(提供已建建筑、测绘所用工具)。

二、实训内容

1. 项目1——设计、绘制"我的家园"建筑施工图。

(1)测绘所居住建筑、整理数据、绘制草图(或设计、绘制方案)。

(2)收集行业相关规范与经验;收集居住反馈意见;修改、确定草图(或方案)。

(3)设计、绘制"我的家园"建筑平、立、剖面施工图。

(4)设计、绘制建筑大样图。

(5)整理、完善所绘制的"我的家园"建筑施工图。

2. 项目2——绘制、完善"某宿舍楼"建筑施工图

(1)纠正提供的建筑平面施工图中的错误;绘制、修改并局部设计建筑平面施工图。

(2)根据所绘制的建筑平面施工图,以及所提供的图纸,绘制、修改并局部设计建筑立面施工图。

(3)根据上述成果,以及所提供的图纸,绘制、修改并局部设计建筑剖面图施工图。

(4)根据上述成果,以及所提供的图纸,绘制、修改并局部设计建筑大样施工图。

(5)整理、完善所绘制的某宿舍楼建筑施工图。

3. 项目3——测量、绘制"学校老行政楼"建筑竣工图

(1)测绘学校老行政楼建筑、整理数据、绘制学校老行政楼房屋建筑的平、立、剖面竣工图。

（2）确定平、立、剖面竣工图；穿插补测、整理数据；修改已完成的竣工图成果。

（3）设计、绘制"学校老行政楼"建筑的平、立、剖面施工图。

（4）设计、绘制建筑大样竣工图；穿插补测、整理数据；修改已建竣工图成果。

（5）整理、完善所绘制的"学校老行政楼"建筑竣工图。

三、实训目的

1. 综述

本课程属于专业基础必修实践课程，是专业基本技能实训，是在完成建筑材料、建筑制图、建筑工程基础等课程后进行的。通过本实训环节，进一步加强识读建筑施工图的能力，并有的放矢地进行相关专业基础课程拓展训练，为后继的专业课、专业岗位所应该具备的建筑施工图方向的基本技能打下坚实的基础。

2. 具体内容

（1）学生在学完建筑制图、建筑 CAD 的基础上，通过本实训环节，掌握计算机绘图的基本技能和方法，为毕业后从事专业技术工作打下基础。

（2）充分发挥学生主观能动性，检验学生所学建筑 CAD 相关知识是否完全掌握。

（3）加强学生 CAD 制图能力，为后续的课程设计打好良好的基础。

四、目标要求

1. 总能力目标

专业岗位工作中建筑施工图交底的能力；岗位工作中运用 AutoCAD 软件进行岗位工作的能力；领会建筑施工图设计人员的设计意图的能力。

2. 综合能力目标（选项）

（1）能熟练运用 AutoCAD 软件进行建筑施工图的设计、绘制工作。

（2）能熟练运用 AutoCAD 软件进行建筑竣工图的绘制、设计工作。

（3）能熟练运用 AutoCAD 软件完成指定的一套带有错误的建筑施工图修改、绘制、设计工作。

3. 具体能力目标

（1）能绘制房屋建筑施工图。

（2）能纠正房屋建筑施工图中的错误。

（3）能修改房屋建筑施工图。

（4）能完善房屋建筑施工图。

（5）能设计简单房屋或具体构造。

（6）能完成已建房屋的建筑竣工图。

（7）能测绘已有建筑，采集绘制建筑施工图数据。

（8）能翻阅、收集、利用和岗位工作相关的行业规范、行业经验。

（9）能熟练处理绘图过程中出现的常规问题。

4. 素质目标

（1）自我学习能力。

（2）团结合作能力。

（3）吃苦耐劳、严谨、负责的职业态度。

（4）创新能力。

（5）灵活运用已有成果、完成新任务、创造新成果能力。

（6）知识的综合运用能力。

（7）能对相关的专业岗位任务产生热情。

5. 成果要求（每幅图）

（1）设置绘图区域、采用属性块插入、标注给出的所有尺寸（对于课题1，按房建实训的要求标注尺寸）。

（2）图层设置要求见表 B-1。

表 B-1　图层设置要求

名　　称	颜　　色	线　　型	线　　宽	备　　注
粗投影线	Green	Continuous（实线）	0.9mm	粗轮廓线、剖切符号
中粗投影线	Yellow	Continuous（实线）	0.2mm	中粗投影线
细投影线	White	Continuous（实线）	0.2mm	细轮廓线
中心线	Red	Center（点画线）	0.2mm	中心线
虚线	Magenta	Dash（虚线）	0.2mm	虚线
尺寸文本	White	Continuous（实线）	0.2mm	尺寸、文本
定位轴线符号	Blue	Continuous（实线）	0.2mm	定位轴线符号
其他	自定	自定	自定	其他

五、任务与条件

任务：完成一套建筑施工图。

条件：（1）课题 1　学生自己准备资料。

（2）课题 2　提供一套比较完整的多层砖混结构房屋的建筑施工图。

（3）课题 3　提供测量工具。

六、时间及进度安排

（1）时间：具体时间见实训记录。

（2）具体安排见表B-2。

表 B-2　具体进度安排

时间	项目进度	项目1	项目2	项目3	备注
第一周	周一	①平面图	①平面图	①平面图	
	周一	①平面图②立面图	①平面图	①平面图②立面图	
	周二	②立面图	②立面图	②立面图	
	周二	③平面图	②立面图	③平面图	
	周三	③立面图	③剖面图	③立面图	
	周三	③剖面图	③剖面图	③剖面图	
	周四	④楼梯大样图	④楼梯大样图	④楼梯大样图	
	周四	④墙体大样图	④墙体大样图	④墙体大样图	
	周五	⑤其他	⑤其他	⑤其他	
	周五	⑤整理、完善、上交成果	⑤整理、完善、上交成果	⑤整理、完善、上交成果	

七、指导老师、学生分组名单

指导老师：_____。

学生分组名单：详见实训平时表现一览表。

八、成绩评定及成绩评定标准

1. 成绩评定

以单独一门成绩记入成绩册。

2. 成绩评定标准

（1）成绩评定内容及部分标准见表B-3。

表 B-3　成绩评定内容及部分标注

实习成绩	平时成绩（40%）	(1) 考勤、遵守纪律情况等方面,20 分(小组副组长负责)
		注:缺勤一次,扣 1 分;违纪一次,扣 1 分
		(2) 评语:实习中的配合度、任务完成情况等方面 20 分(小组组长负责)
		不配合一次,扣 1 分;进度迟一次扣 1 分
	完成任务成果（60%）	(1) 实习日记或心得、实习报告,10 分(个人、小组)
		(2) 实习成果整体分(10 分)
		(3) 实习成果,40 分(个人)

(2) 实习成果(60 分)评定方法。

优等:图纸规范、清晰、布图合理。

良等:图纸规范、清晰、布图欠合理。

及格:图纸欠规范、基本正确、较清晰、布图欠合理。

不及格:图纸欠规范、内容有错误、不清晰、布图不合理。

具体如下。

题号	图形	块	尺寸	层	图幅	布局	其他	总分
满分	60	5	10	5	10	5	5	
得分								

试卷一

课程名称：建筑 CAD   开课性质：＿＿＿＿＿＿
适用班级：＿＿＿＿＿＿   考试方式：　上机　
班级：＿＿＿＿＿＿＿＿   学号：＿＿＿＿＿＿＿
姓名：＿＿＿＿＿＿＿＿   得分：＿＿＿＿＿＿＿

一、评分标准

题号	图形	块	尺寸	层	图幅	布局	其他	总分
满分	40	10	15	10	10	10	5	
得分								

二、按下列要求绘制平面图

（1）绘图区域设置为 600mm×400mm。

（2）图层设置如下。

对　　象	图　层	颜　　色	线　　型	线　　宽
剖切符号	粗投影线	Green	Continuous	0.9mm
墙线1(未剖切到的)、窗线、其他未剖到的轮廓线	细投影线	White	Continuous	0.2mm
墙线2(剖切到的)	中粗投影线	Green	Continuous	0.6mm
轴线	中心线	Red	Center	0.2mm
虚线	虚线	Magenta(粉红)	Dash	0.2mm
尺寸	尺寸	White	Continuous	0.2mm
文字	文字	White	Continuous	0.2mm
定位轴线符号	定位轴线符号	White	Continuous	0.2mm
其他	其他	自定	自定	自定

(3) 定位轴线符号采用属性块插入。

(4) 标注给出的所有尺寸。

(5) 门窗可采用属性块插入。

(6) 考核时间为2小时。

三、所绘图形

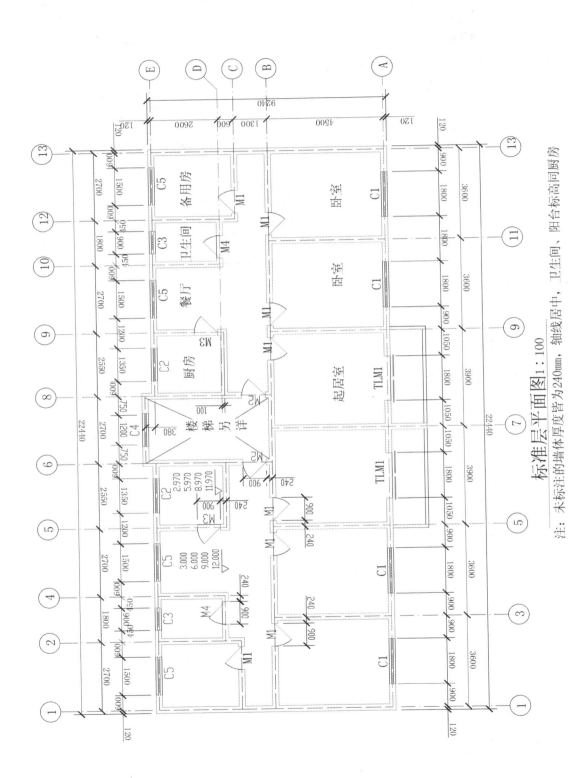

标准层平面图1：100

注：未标注的墙体厚度皆为240mm，轴线居中，阳台标高同厨房

试卷一评分标准及答案

一、评分标准

题号	图形	块	尺寸	层	图幅	布局	其他	总分
满分	40	10	15	10	10	10	5	
得分								

（1）第一项：按照所给图，错一处，扣0.5分。

（2）第二项：属性块，有则给分。

（3）第三项：尺寸标注，按照所给图，错一处，扣0.5分。

（4）第四项：按照所给的图层设置，错一处，扣0.5分。

（5）第五项：按"绘图区域设置为600mm×400mm"设置，给分。

（6）第六项：布局合理，给分；否则酌情扣分。

（7）第七项：图面感觉好，给分；否则酌情扣分。

图层的设置表格和图的绘制如下。

（1）图层如下。

对 象	图 层	颜 色	线 型	线 宽
剖切符号	粗投影线	Green	Continuous	0.9mm
墙线1（未剖切到的）、窗线、其他未剖到的轮廓线	细投影线	White	Continuous	0.2mm
墙线2（剖切到的）	中粗投影线	Green		0.6mm
轴线	中心线	Red	Center	0.2mm
虚线	虚线	Magenta（粉红）	Dash	0.2mm
尺寸	尺寸	White	Continuous	0.2mm
文字	文字	White	Continuous	0.2mm
定位轴线符号	定位轴线符号	White	Continuous	0.2mm
其他	其他	自定	自定	自定

（2）所绘图形如下。

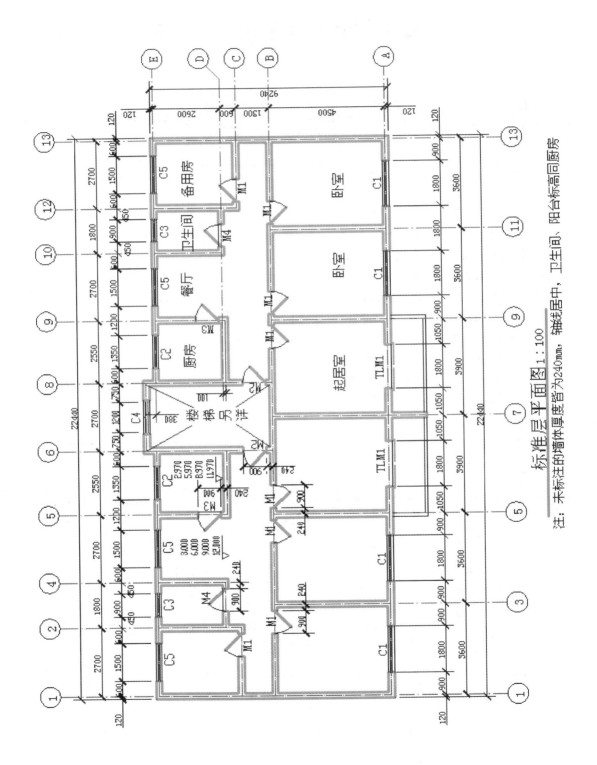

标准层平面图 1:100

注：未标注的墙体厚度皆为240mm，轴线居中，卫生间、阳台标高同厨房

试卷二

课程名称：建筑 CAD   开课性质：＿＿＿＿＿＿＿

适用班级：＿＿＿＿＿＿＿＿＿ 考试方式：上机

班级：＿＿＿＿＿＿＿＿＿＿＿ 学号：＿＿＿＿＿＿＿＿＿

姓名：＿＿＿＿＿＿＿＿ 得分：＿＿＿＿＿＿＿＿＿

一、评分标准

题号	图形	块	尺寸	层	图幅	布局	其他	总分
满分	40	10	15	10	10	10	5	
得分								

二、按下列要求绘制平面图

（1）绘图区域设置为 600mm×400mm。

（2）图层设置如下。

对　象	图　层	颜　色	线　型	线　宽
剖切符号	粗投影线	Green	Continuous	0.9mm
墙线 1（未剖切到的）、窗线、其他未剖到的轮廓线	细投影线	White	Continuous	0.2mm
墙线 2（剖切到的）	中粗投影线	Green		0.6mm
轴线	中心线	Red	Center	0.2mm
虚线	虚线	Magenta（粉红）	Dash	0.2mm
尺寸	尺寸	White	Continuous	0.2mm
文字	文字	White	Continuous	0.2mm
定位轴线符号	定位轴线符号	White	Continuous	0.2mm
其他	其他	自定	自定	自定

（3）定位轴线符号采用属性块插入。

（4）标注给出的所有尺寸。

（5）门窗可采用属性块插入。

（6）考核时间为2小时。

三、所绘图形

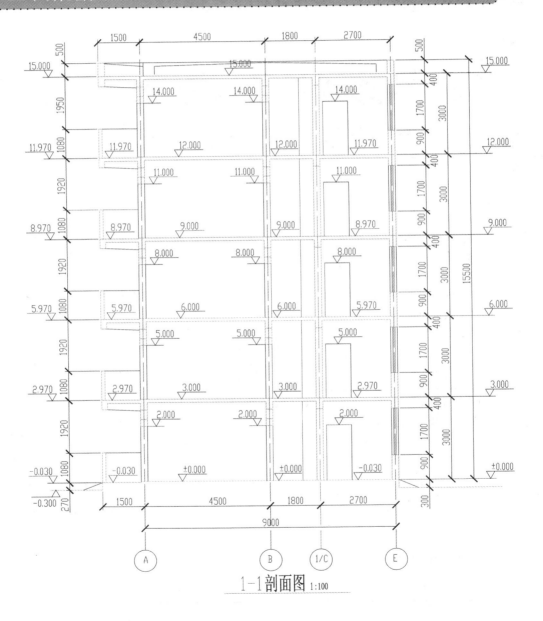

1-1剖面图 1:100

试卷二评分标准及答案

一、评分标准

题号	图形	块	尺寸	层	图幅	布局	其他	总分
满分	40	10	15	10	10	10	5	
得分								

（1）第一项:按照所给图,错一处,扣0.5分。

（2）第二项:属性块,有则给分。

（3）第三项:尺寸标注,按照所给图,错一处,扣0.5分。

（4）第四项:按照所给的图层设置,错一处,扣0.5分。

（5）第五项:按"绘图区域设置为600mm×400mm"设置,给分。

（6）第六项:布局合理,给分;否则酌情扣分。

（7）第七项:图面感觉好,给分;否则酌情扣分。

图层设置表格和图的绘制如下。

（1）图层如下。

对　象	图　层	颜　色	线　型	线　宽
剖切符号	粗投影线	Green	Continuous	0.9mm
墙线1(未剖切到的)、窗线、其他未剖到的轮廓线	细投影线	White	Continuous	0.2mm
墙线2(剖切到的)	中粗投影线	Green		0.6mm
轴线	中心线	Red	Center	0.2mm
虚线	虚线	Magenta(粉红)	Dash	0.2mm
尺寸	尺寸	White	Continuous	0.2mm
文字	文字	White	Continuous	0.2mm
定位轴线符号	定位轴线符号	White	Continuous	0.2mm
其他	其他	自定	自定	自定

（2）所绘图形如下。

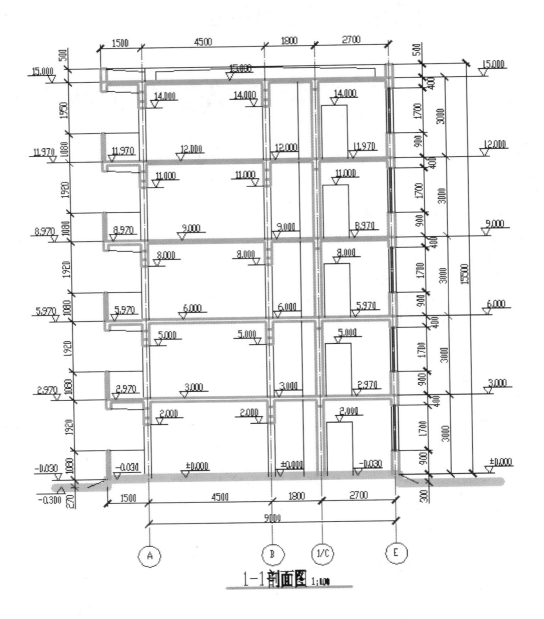

1-1剖面图 1:100